深圳市河流水质改善策略研究

——以龙岗河流域为例

谢林伸　陈纯兴　韩　龙　**等编著**

科学出版社

北京

内 容 简 介

本书分析了深圳市河流水环境的整体情况及存在问题，并以龙岗河流域作为典型研究对象，系统分析了龙岗河流域污染源现状、水环境现状、趋势及存在的环境问题，基于"全流域整体把控+精细控制单元"的思路，通过科学计算流域及各控制单元污染物排放量、允许排放量、水质改善需削减量，并以要求削减量为基础，科学安排整治任务和措施，为龙岗河的治理提供参考，为深圳市其他河流的治理乃至全国其他城市河流的治理提供参考借鉴。

本书是国家水体污染控制与治理科技重大专项"东江高度集约开发区域水质风险控制与水生态功能恢复技术集成及综合示范"（2015ZX07206-006），以及深圳市人居环境委员会"深圳市环境质量分析及对策研究""深圳市水污染源调查""深圳市水体达标方案研究""深圳市小水库生态补水研究"等项目研究成果的凝练。

本书可供从事水污染控制与治理的科研、规划、设计及管理人员参考。

图书在版编目（CIP）数据

深圳市河流水质改善策略研究：以龙岗河流域为例 /
谢林伸等编著. —北京：科学出版社，2018.9
ISBN 978-7-03-058722-0

Ⅰ. ①深…　Ⅱ. ①谢…　Ⅲ. ①河流—水质管理—研究
—深圳　Ⅳ. ①X832

中国版本图书馆 CIP 数据核字（2018）第 204224 号

责任编辑：谭宏宇
责任印制：黄晓鸣 / 封面设计：殷　靓

科学出版社 出版
北京东黄城根北街 16 号
邮政编码：100717
http://www.sciencep.com

南京展望文化发展有限公司排版
江苏凤凰数码印刷有限公司印刷
科学出版社发行　各地新华书店经销

*

2018 年 9 月第　一　版　开本：B5（720×1000）
2018 年 9 月第一次印刷　印张：8 3/4　插页：2
字数：142 000

定价：**98.00 元**
（如有印装质量问题，我社负责调换）

编 辑 委 员 会

前　言

　　水环境保护事关人民群众切身利益,事关全面建成小康社会,事关实现中华民族伟大复兴的中国梦。当前,我国一些地区水环境质量差、水生态受损严重、环境隐患多等问题十分突出,影响和损害群众健康,不利于经济社会持续发展。为切实加大水污染防治力度,保障国家水安全,2015年国务院印发了《水污染防治行动计划》,在全国范围内大力推行水环境的治理。

　　深圳市,城如其名——"深深的田边水沟",全市河流众多,大大小小的河流共计310条,其中流域面积大于100平方公里的有5条,分别是茅洲河、深圳河、观澜河、龙岗河、坪山河。在深圳市一个又一个经济奇迹的背后,五大河流默默承受着巨大的环境压力,时至今日,部分河流仍然承担着泄洪、灌溉、景观、航运等功能。快速城市化改变了五大流域的土地利用状况和水生态功能,继而改变了河流的水动力条件及水生态环境质量。人口产业发展的空间不均衡引发了供排水格局的巨大变化,带来了诸如洪涝灾害、用水短缺、河流黑臭、生态退化等一系列水问题,其中水环境问题尤为突出,水质指标常年劣于地表水Ⅴ类标准,水体黑臭现象时有发生,已成为制约深圳经济社会发展的瓶颈,中国共产党深圳市第六届委员会第三次全体会议也明确将水体污染问题列为历史遗留的"两大问题"之一。

　　龙岗河是深圳五大河流之一,是深圳市河流的典型代表,也是高度集约开发城市河流的典型代表。龙岗河干流经过多轮治理后,水环境质量显著改善,部分河段实现了"水清岸绿"的目标,但水质仍不达标,与水功能区划要求的地表水Ⅲ类标准相差甚远,而龙岗河支流污染更为严重、突出,河流普遍黑臭,治理任务极其艰巨。此外,由于龙岗河干流采取大型截污箱涵

"大截排"的治理模式,旱季基本实现污水收集与处理,河道水质改善显著,但雨季截污箱涵溢流严重,水质严重恶化。因此,龙岗河的治理要进行全盘的考虑和布局,干流和支流并重,要逐步改变以往"大截排"治污模式,就要扎实、稳步推进流域污水支管网建设和雨污分流改造,提高污水收集处理率。

本书是对多年来在龙岗河流域开展的研究工作的总结,系统分析龙岗河流域污染源现状、水环境现状、趋势及存在的环境问题等,基于"全流域整体把控+精细控制单元"的思路,通过科学计算整个流域及各控制单元污染物排放量、允许排放量、水质改善需削减量,并以要求削减量为基础,科学安排整治任务和措施,为龙岗河的治理提供参考,为深圳市其他河流的治理,乃至全国其他城市河流治理提供参考借鉴。

本书是国家水体污染控制与治理科技重大专项"东江高度集约开发区域水质风险控制与水生态功能恢复技术集成及综合示范"(2015ZX07206—006),以及深圳市人居环境委员会"深圳市环境质量分析及对策研究""深圳市水污染源调查""深圳市水体达标方案研究""深圳市小水库生态补水研究"等项目研究成果的凝练。本书在编写过程中得到了深圳市人居环境委员会、深圳市水务局、深圳市龙岗区环境保护和水务局等相关单位的大力支持,在此表示感谢。

城市河流水污染治理是个长期而艰巨的过程,深圳市河流水环境的治理也在摸索中成长,本书研究成果仅供有关政府部门和相关研究机构参考。

编　者

2018 年 3 月于深圳

目　录

第1章 深圳市河流水环境概况

1.1 河流水系概况

深圳市是中国南部海滨城市,毗邻香港。位于北回归线以南,东经113°46′~114°37′,北纬22°27′~22°52′。东临大亚湾与惠州市相连,西濒珠江口伶仃洋与中山市、珠海市相望,南至深圳河与香港毗邻,北与东莞市、惠州市接壤。全境地势东南高、西北低,大部分为低丘陵地,间以平缓的台地,西部沿海一带为滨海平原,最高山峰为梧桐山,海拔943.7米。全市总面积为1 997.27平方公里。

深圳市依山临海,流域面积大于1平方公里的河流共有310条,分属东江、海湾和珠江口三大水系,共划分为九大流域。流域面积大于100平方公里的河流有深圳河、茅洲河、龙岗河、观澜河和坪山河,河流分属南、西、北3个水系。南部诸河注入深圳湾、大鹏湾、大亚湾,称为海湾水系;西部诸河注入珠江口伶仃洋,称为珠江口水系;北部诸河汇入东江支流,称为东江水系。

深圳河流域:深圳河是深圳市与香港的界河,发源于梧桐山,大致流向为由东北至西南,终点流入深圳湾。流域面积为297.4平方公里,其中深圳市境内172.4平方公里,香港境内125平方公里。深圳河干流起于三汊河口,河床比降为0.9‰,河道长12.9公里,全河段受潮汐的影响。流域内有大小河流36条,一级支流有6条。由上游至下游分别为莲塘河、沙湾河、梧桐河、布吉河、福田河、皇岗河,其中梧桐河在香港境内。

深圳湾流域:流域面积为170.7平方公里,属于半封闭型海湾,东接深圳河,西连珠江口内伶仃洋,湾内纵深约 14 公里,平均宽度为 7.5 公里,水域面积为 90 平方公里,水深较浅,平均深度仅为 2.9 米。流域内有入湾支流 4 条,由东向西分别为新洲河、凤塘河、小沙河及大沙河,各河道基本由北向南流入深圳湾。

珠江口水系:流域面积为 235.8 平方公里,主要为直接入珠江口的河 (涌),从北至南包括沙井街道办西南部(约占沙井街道的 1/3)、福永街道办、西乡街道办、新安街道办。流域共有 36 条河流,其中干流或直接入海河流 25 条,一级支流 7 条,二级支流 4 条。

茅洲河流域:位于深圳市西北部,属于珠江口水系,干流发源于羊台山,流经石岩、公明、光明、松岗、沙井街道办,在沙井民主村汇入珠江口。流域总面积为 388 平方公里,其中深圳侧面积约为 310 平方公里,东莞侧面积约为 78 平方公里。共有支流 60 条,其中一级支流 27 条,二、三级支流 33 条。流域面积大于 10 平方公里的一级支流有新陂头水、排涝河、沙井河、罗田水、鹅颈水、公明排洪渠、西田水、楼村水、东坑水 9 条;流域面积大于 5 平方公里的二级支流有新陂头水北支、松岗河、上寮河、横江水、西田水左支 5 条。

龙岗河流域:位于深圳市东北部,是东江二级支流淡水河(淡水河汇入东江的一级支流西枝江)的上游段,发源于梧桐山北麓,流经深圳市的横岗、龙岗、坪地、坑梓 4 个街道办,在坑梓街道办吓陂村附近进入惠州市境内,从坑梓镇沙田村的北面开始,成为深圳市与惠州市的界河,接纳田坑水与田脚水后,完全流出深圳进入惠州。深圳境内的流域面积为 302.13 平方公里,共有支流 44 条,其中一级支流 17 条,二级支流 14 条,三、四级支流 13 条。流域面积大于 10 平方公里的支流有南约河、大康河、四联河、爱联河、龙西河、丁山河、黄沙河、田坑水、田脚水、同乐河、回龙河,共 11 条。

坪山河流域:位于深圳东北部,是淡水河一级支流,发源于深圳市东北部三洲田梅沙尖,流经深圳市坪山街道办,在兔岗岭下游流入惠州市境内,于下土湖注入淡水河。流域总面积为 181 平方公里,其中深圳市境内流域面积为 129.72 平方公里。共有 11 条主要支流,其中三洲田水、碧岭水、汤坑水、赤坳水、墩子河、石溪河、田头河、麻雀坑水、石井排洪渠 9 条一级支流发源于坪山河干流的右岸;新和水和飞西水两条支流发源于坪山河干流的左岸。

观澜河流域：发源于龙华大脑壳山,是东江一级支流石马河的上游。流域总面积为 242.83 平方公里,其中观澜河流域在深圳市内(即企坪断面以上)的流域面积为 189.66 平方公里,干流长 14.95 公里,流域最大高程为561 米,落差 362 米,河床平均比降为 2.1‰。观澜河流域支流较多,如树枝交错分布,流域内一级支流 14 条,二、三级支流 8 条。直接汇入东莞境内的支流有 5 条,分别为君子布河、牛湖水、山厦河、鹅公岭河和木古河。直接汇入东莞市境内的跨界支流面积约 53.17 平方公里。

大鹏湾流域：位于深圳市的中南部,主要包括盐田区及大鹏新区的葵涌、大鹏、南澳街道办一部分,控制面积为 179.35 平方公里,基本生态控制区面积为 143.70 平方公里,占 80.1%。共有大小河流 45 条,独立河流 24 条,一级支流 18 条,二、三级支流 3 条。流域面积大于 10 平方公里的河流 4 条,流域面积大于 5 平方公里的河流 9 条。主要河流有沙头角河、盐田河、葵涌河和南澳河等。

大亚湾流域：位于深圳市的东部,主要包括大鹏新区的葵涌、大鹏、南澳街道办的一部分,控制面积为 178.10 平方公里,基本生态控制区面积为139.10 平方公里,占 78.1%。共有大小河流 35 条,独立河流 28 条,一级支流 7 条。流域面积大于 10 平方公里的河流 5 条,流域面积大于 5 平方公里的河流 8 条。主要河流有鹏城河、王母河和新大河等。

1.2　河流水质概况

2015 年深圳市全市共监测 9 个流域 48 条河流 75 个断面。参照环境保护部 2011 年 3 月颁布的《地表水环境质量评价方法(试行)》(环办〔2011〕22号),采用最大单因子评价方法进行水质类别判定,评价指标为《地表水环境质量标准》(GB 3838—2002)表 1 中除水温、总氮和粪大肠菌群以外的 21 项指标。根据深圳河流水质污染较重的实际情况,在进行水质类别判定的基础上采用水质综合污染指数法进行污染程度变化分析,参与计算指标为《地表水环境质量标准》(GB 3838—2002)表 1 中除水温、总氮和粪大肠菌群以外的 21 项指标。根据河流水环境功能区划,深圳市河流基本属于一般景观要求水域和农业用水区,因此,在计算综合污染指数时统一采用《地表水环境质量标准》(GB 3838—2002)Ⅴ类标准。

1. 河流水质状况

在 75 个监测断面中,水质为优,符合地表水Ⅰ类标准的断面有两个(龙岗河西坑断面和坪山河碧岭断面),符合地表水Ⅱ类标准的断面有 3 个(深圳河径肚和鹏兴天桥断面,以及东涌河河口断面),合计占总监测断面数的

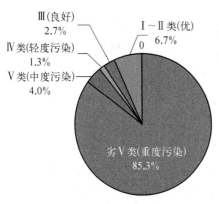

6.7%;水质良好,符合地表水Ⅲ类标准的断面有两个(盐田河双拥公园和盐港中学断面),占 2.7%;水质轻度污染,符合地表水Ⅳ类标准的断面有 1 个(大沙河珠光桥断面),占 1.3%;水质中度污染,符合地表水Ⅴ类标准的断面有 3 个(龙岗河葫芦围断面、低山村断面和王母河河口断面),占 4.0%;水质重度污染,劣于地表水Ⅴ类标准的断面有 64 个,占 85.3%,主要超标污染物为氨氮和总磷等(图 1.1)。

图 1.1　2015 年深圳市河流监测断面水质类别比例

从水质综合污染指数看,各监测断面中水质平均综合污染指数最高的为坂田河吉华路口断面,水质平均综合污染指数达 2.446,水质污染最严重;深圳河径肚和鹏兴天桥断面、龙岗河西坑断面、坪山河碧岭断面、东涌河河口断面平均综合污染指数小于 0.1,水质较好。

根据断面监测结果计算各河流评价指标浓度的算术平均值,可进行河流水质类别判定。结果表明,东涌河水质达到地表水Ⅱ类标准,水质为优;盐田河水质达到地表水Ⅲ类标准,水质良好;王母河水质达到地表水Ⅴ类标准,处于中度污染水平;其他河流水质均劣于地表水Ⅴ类标准。深圳河、茅洲河和龙岗河 3 条监测断面总数大于或等于 5 的河流Ⅰ~Ⅲ类水质断面数占各自总监测断面数的比例分别为 28.6%、0 和 20.0%,劣Ⅴ类水质断面比例分别为 71.4%、100%和 40.0%,3 条河流水质均处于重度污染水平。

2. 流域水质状况

按流域整体水质进行分析,2015 年纳入监测的 9 个流域,大亚湾流域水

质为轻度污染,大鹏湾流域水质为中度污染,其他 7 个流域水质均为重度污染(表 1.1)。

表 1.1　2015 年深圳市河流水质按流域水质评价结果

名　　称	I～III类断面 比例/%	IV、V类断面 比例/%	劣V类断面 比例/%
深圳河流域	15.4	0.0	84.6
深圳湾流域	0.0	14.3	85.7
珠江口流域	0	0	100.0
茅洲河流域	0	0	100.0
观澜河流域	0	0	100.0
龙岗河流域	6.3	12.5	81.3
坪山河流域	14.3	0	85.7
大鹏湾流域	66.7	0	33.3
大亚湾流域	50.0	50.0	0
总　　体	9.3	5.3	85.4

3. 主要河流污染特征

(1)污染分担率

根据污染物分担率统计结果,15 条主要河流[深圳河、布吉河、大沙河、茅洲河、观澜河、西乡河、龙岗河、坪山河、新洲河、福田河、皇岗河、凤塘河、沙湾河(罗湖)、盐田河和王母河]的污染物分担率占前 3 位的污染物多为氨氮、总磷和生化需氧量,3 项污染物的污染分担率合计多在 50%以上,可见深圳市河流水质主要受生活污染源的影响。其中,新洲河和皇岗河氨氮的污染分担率最高,均为 38.0%;观澜河总磷的污染分担率最高,为 38.1%。与其他河流相比,水质较好的盐田河和王母河的各项生活类污染物的污染分担率则相对接近。

(2)时间变化

深圳市河流均为雨源型河流,总体上看,各河流汛期的水质平均综合污染指数相对较低,整体水质相对较好,河流水质与降水量密切相关,因此,从总体上看,多数河流在汛期的综合污染指数较低,水质相对较好。此外,河流水质变化还受到河道整治工程、污水处理设施建设与运行等的影响,2015年凤塘河、皇岗河和茅洲河等多条河流水质出现明显的异常波动,水质与相关治理工程的建设进度密切相关。

（3）空间变化

2015年深圳市各主要河流水质沿程变化见图1.2。总体上看,各河流沿程水质变化无明显的共同规律,监测断面水质与沿程污染源排放、污水处理设施运行和河道整治工程密切相关。多数河流(如观澜河、西乡河、龙岗河、福田河和新洲河等)下游断面水质较上游断面差;除洋涌大桥断面污染程度略有减轻以外,茅洲河总体上同样呈现水质污染沿程加重的规律,最下游的共和村断面水质污染最为严重。深圳河自上游至下游沿程水质污染程度不断加重,至中游鹿丹村断面水质达到最差,其后两个断面污染程度开始沿程递减,与深圳河类似,污染最严重的断面出现在中游的河流还有坪山河。大沙河中游断面水质污染程度较轻,上游断面受河道整治工程影响,水质反而较差。布吉河和盐田河上下游断面水质污染程度相差不大。

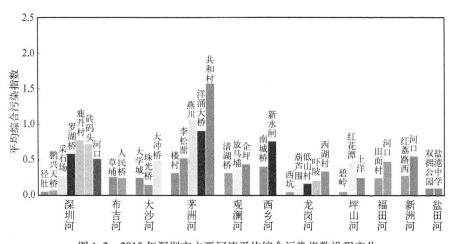

图1.2　2015年深圳市主要河流平均综合污染指数沿程变化

1.3　河流治理现状及存在问题

1.3.1　治理现状

"十二五"期间,深圳市以污水收集处理设施建设和河道综合治理为重点,5年新增污水处理能力为213万吨/日,比"十一五"期末总能力266.5万吨/日递增了79.6%,新建污水管网1 402公里、排水达标小区1 235个,污水处理量、化学需氧量消减量分别由2010年底的8.44亿吨、24.06万吨提升到2015年的16.11亿吨、42.13万吨,分别提高了91%、75%。主要河流水质呈好转趋势,重污染河流断面比例持续下降,观澜河、龙岗河、坪山河等跨市河流全河段平均综合污染指数比省人大挂牌督办前分别下降了70%、74%和46%,深圳河平均综合污染指数比2010年下降了27%,福田河、新洲河、大山陂水、大浪河、新圳河、西乡河基本达到景观水体要求。

1.3.2　水环境问题分析

深圳市水污染防治工作取得了一定成效,但由于其历史欠账严重,水资源禀赋先天不足等,水污染防治形势依然严峻。全市河流大多短小,呈明显的雨源型河流特征,缺乏生态基流,水环境容量小,城市污染负荷远远超出水环境承载力,水环境治理压力巨大。

1. 河流水质污染形势严峻

近年来,全市主要河流水质不断改善,但大部分河流水质仍然劣于地表水Ⅴ类标准,2015年全市河流重污染断面比例高达85.3%。全市黑臭水体共有133条,其中建成区黑臭水体36条。龙岗河、观澜河、坪山河等跨界河流水环境质量不容乐观,跨界河流交接断面水质达标率与广东省跨地级以上市河流交接断面水质2015年阶段目标相比有较大差距。2013年茅洲河被省环保厅、监察厅挂牌督办,2014年省人大决议将茅洲河归为全省重点督办的4条河流之一。

2. 水环境承载力严重不足

深圳开发建设强度大,人口高度密集、产业高速发展,点源、面源污染负荷重,而全市大小河流的雨源性特点突出,自净纳污能力极其有限。近年来,虽然深圳市已全面加快污水处理设施建设和河流综合整治步伐,建成运行了一大批治设施,相应的管理也不断加强,但仍然难以全面有效应对污染排放压力。随着城市更新和片区开发,又将对原有治污系统带来更大压力,茅洲河、观澜河、深圳河湾、珠江口等流域尤为明显。微容量与重负荷这一根本性矛盾愈加突出。

3. 水污染治理系统匹配性不足

污水收集、处理及污泥处理处置设施建设未按流域统筹,且未和河流整治同步推进,系统性不强,污水处理厂效益难以充分发挥。污水管网欠账较多,雨污不分流,全市尚需新建污水管网5938公里,使污水处理厂难以充分发挥效益。污水处理厂布局整体存在"东多西少",局部污水处理能力不足现象,松岗污水处理厂二期、沙井污水处理厂二期建设滞后直接导致服务片区污水无法全部处理。暴雨径流泥沙含量高,部分污水处理厂运行受泥沙淤积影响严重。干支流建设不同步影响已整治工程效率,龙岗河、观澜河在超出设计降雨强度时,支流混流水溢到干流河道污染干流水质。

4. 污泥处置设施建设受阻

污泥的安全处置与污水处理厂的运行效果密切相关,是水污染治理的重要环节。受邻避效应影响,深圳市规划建设东、中、西3座污泥焚烧厂中,老虎坑污泥焚烧厂和上洋污泥焚烧厂在建设过程中遭到周边居民强烈反对被迫停工,或未能按期投产运行。全市产泥率平均为7.8吨/万立方米,远高于全国的5.5吨/万立方米的平均水平,目前全市污泥产量约为3300吨/日,实际投入使用的4座污泥处理处置设施实际处理能力只有1830吨/日,本地污泥处理能力不足,污泥处理处置形势较为严峻。

1.4 研究目的、内容及意义

本书以深圳市龙岗河流域作为典型研究对象,通过系统的资料收集和全面的现场调研,对龙岗河流域的自然概况、社会经济概况、水污染治理状况进行全面梳理和总结,分析龙岗河流域生活污染源、工业污染源及雨水径流污染排放现状,并对污水排放量、污染排放负荷量进行了分析预测;系统分析了流域水环境现状、历史变化趋势、水环境污染特征及水质目标差距,分析存在的主要水环境问题,并对其成因进行了分析。从全流域角度对流域治理思路进行总体设计,分级构建精细的控制单元,建立污染排放与水质改善的响应关系,系统分析影响水体达标的各类因素及其贡献,以阶段性水质改善目标为约束,统筹考虑水资源优化调控,制定了流域及各控制单元水污染治理方案,并提出了相应的保障措施,为龙岗河流域水环境综合治理提供科学依据,为深圳市其他河流水环境治理提供参考。

基于以上研究目的,本书包括以下研究内容。

1)深圳市河流水环境整体情况及存在的问题。

2)龙岗河流域水环境现状、趋势及存在的问题。

3)龙岗河流域治理思路与水质改善系统分析。

4)龙岗河流域水质改善策略研究。

5)龙岗河流域控制单元治理策略。

6)龙岗河流域治理保障机制。

第2章 龙岗河流域概况

2.1 地理位置及行政区划

如图 2.1 所示,龙岗河流域位于深圳市东北部,是东江二级支流淡水河(淡水河汇入东江的一级支流西枝江)的上游段,发源于梧桐山北麓,流经深圳市的横岗、龙岗、坪地、坑梓 4 个街道办,在坑梓街道办吓陂村附近进入惠州市境内,从坑梓镇沙田村的北面开始,成为深圳市与惠州市的界河,接纳

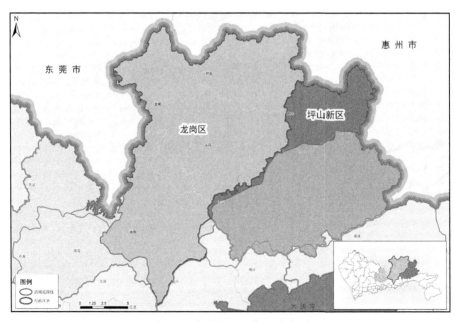

图 2.1 龙岗河地理位置示意图

田坑水与田脚水后,完全流出深圳市进入惠州市。深圳市境内的流域面积为 302.13 平方公里,干流长 36.19 公里。

龙岗河流域主要包括龙岗区的横岗、龙城、龙岗、坪地 4 个街道办和坪山新区的坑梓街道办,共有 47 个社区。行政区划见表 2.1。

表 2.1　龙岗河流域区域内行政范围

行政区	街道办	社 区 名 称
龙岗区	横岗	松柏、保安、四联、西坑、安良、六约、大康、横岗、银荷、荷坳、华侨新村、志盛、华乐、怡锦、振业
	龙城	爱联、龙西、五联、回龙埔、紫薇、尚景、愉园、盛平、黄阁坑、龙红格
	龙岗	新生、龙岗、龙东、南联、龙岗墟、平南、南约、同乐
	坪地	坪地、怡心、坪西、坪东、中心、六联、年丰、四方埔
坪山新区	坑梓	坑梓、老坑、秀新、龙田、金沙、沙田

2.2　自然环境概况

2.2.1　地形地貌

龙岗河流域内的地势为西南高、东北低,水系分布在低山丘陵地带和台地地区,蒲卢陂以上为低山丘陵区,中下游属于台地,地形相对平缓;干流河谷地貌以宽窄相间的串珠状为特色,宽处形成盆地,窄处形成隘口。

2.2.2　气象气候

深圳市地处北回归线以南,气候温暖多雨,属于亚热带海洋性季风气候。太阳总辐射量较多,夏季长,冬季不明显,冷期短,全年无霜。

深圳市常风向为东南东和北北东,次常风向为东北和东,夏季多为东南风,冬季多为东北风。多年平均风速为 2.8 米/秒,实测最大风速(深圳站)为 40 米/秒,每年出现大于 6 级风的天数为 10 天。

深圳市年平均气温为 22.4℃,最高为 38.7℃(1980 年 7 月 10 日),最低为 0.2℃(1957 年 2 月 11 日)。多年平均相对湿度为 79%;多年平均水面蒸发量为 1 322 毫米,多年平均陆地蒸发量约为 850 毫米;深圳市多年平均降水量为 1 948 毫米,降水在地区分布不均匀,迎风坡与背风坡降水量有明显差异,局部地区降水量较多,东部多年平均降水量为 2 000~2 100 毫米,西部多年平均降水量为 1 600~1 700 毫米。降水量由东南向西北递减,且递减趋势随统计时段的加长而明显增大。梧桐山为全流域的暴雨中心。降水在时间上分布不均匀,夏季多冬季少,每年 4~9 月为雨季,降水量占全年降水量的 85%~90%。前汛期为 4~6 月,主要受锋面和低压槽的影响;后汛期为 7~9 月,主要受台风和热带低气压的影响,一次台风过程的降水量可达 300~500 毫米,降水量中由台风带来的台风雨量占多年平均雨量的 36%。10 月~翌年 3 月为旱季,降水量占全年降水量的 10%~15%。

根据 2015 年深圳市水资源公报,2015 年龙岗区和坪山新区降水量分别为 1 830.68 毫米和 1 601.2 毫米,年降水总量分别为 6.63 亿立方米和 2.5 亿立方米。

2.2.3　流域水系

流域水系较为发达,流域内的干流及一级,二级,三、四级支流共 45 条。其中,主要一级支流有 17 条,深圳市境内有 15 条,马蹄沥、张河沥上游在深圳市境内,河口在惠州市境内。横岗街道境内有小坜水、盐田坳支流、西湖水、牛始窝水、蚌湖水、四联河、大康河;龙城街道和龙岗街道境内有爱联河、回龙河、南约河;坪地街道境内有丁山河、黄沙河,在坪地北部汇入干流;坑梓街道境内花鼓坪水、田坑水、田脚水及惠阳的部分支流汇入龙岗河(表 2.2,图 2.2)。

表 2.2　龙岗河流域主要河流情况表

序号	河流名称	级　别	流域面积/平方公里	河道总长/公里	明渠段长/公里	暗涵段长/公里
1	龙岗河	干　流	302.13	36.19	35.66	0.53
2	南约河	一级支流	50.2	11.79	10.31	1.48
3	盐田坳支流	一级支流	1.85	2.46	2.07	0.39
4	西湖水	一级支流	1.6	1.37	0	1.37
5	大康河	一级支流	25.43	8.7	8	0.7

序号	河流名称	级　别	流域面积/平方公里	河道总长/公里	明渠段长/公里	暗涵段长/公里
6	四联河	一级支流	14.82	7.22	3.25	3.97
7	蚌湖水	一级支流	2.09	1.57	1.31	0.26
8	爱联河	一级支流	22.28	8.82	1.37	7.45
9	龙西河	一级支流	47.76	10.33	10.33	0
10	丁山河	一级支流	79	6.05	6.05	0
11	黄沙河	一级支流	14.92	6.11	6.11	0
12	花鼓坪水	一级支流	2	2.82	1.96	0.86
13	田坑水	一级支流	20.84	10.18	9.98	0.2
14	田脚水	一级支流	12.05	7.49	7.49	0
15	马蹄沥	一级支流	3	2.67	1.97	0.7
16	张河沥	一级支流	3.8	2.92	2.92	0
17	小坳水	一级支流	1.06	1.1	1.1	0
18	牛始窝水	一级支流	2	1.97	1.97	0
19	简龙河	二级支流	7.06	6.56	6.24	0.32
20	新塘村排水渠	二级支流	1.96	2.57	0.78	1.79
21	同乐河	二级支流	28.21	8.48	6.43	2.05
22	沙背沥水	二级支流	2.12	2.36	2.36	0
23	横岗福田河	二级支流	5.4	4.62	4.62	0
24	回龙河	二级支流	17.2	5.73	5.27	0.46
25	花园河	二级支流	8.78	4.93	4.47	0.46
26	黄竹坑水	二级支流	4.38	3.27	3.27	0
27	白石塘水	二级支流	3.41	2.97	1.62	1.35
28	长坑水	二级支流	1.17	1.39	1.39	0
29	黄沙河左支流	二级支流	9.01	4.55	4.55	0
30	老鸦山水	二级支流	1.73	2.13	2.13	0
31	三角楼水	二级支流	4.48	4.51	4.51	0
32	水二村支流	二级支流	4.04	3.16	2.91	0.25
33	三棵松水	三、四级支流	3.48	3.5	1.86	1.64
34	浪背水	三、四级支流	1.23	1	0.69	0.31
35	田心排水渠	三、四级支流	1.61	1.63	0.63	1
36	大原水	三、四级支流	3.61	3.35	0.71	2.64
37	茅湖水	三、四级支流	5.1	3.94	2.94	1
38	上禾塘水	三、四级支流	1.69	2.19	1.75	0.44
39	水二村右支	三、四级支流	2.25	1.24	1.24	0
40	大原水左支	三、四级支流	1.55	2.92	0.2	2.72
41	新生水	三、四级支流	1	1.4	1.4	0

序号	河流名称	级　别	流域面积/平方公里	河道总长/公里	明渠段长/公里	暗涵段长/公里
42	花园河左支一	三、四级支流	1.39	2.6	2.28	0.32
43	花园河左支二	三、四级支流	2.04	2.63	2.53	0.1
44	石豹水	三、四级支流	1	1.72	1.72	0
45	三坑水	三、四级支流	1.46	2.35	2.1	0.25

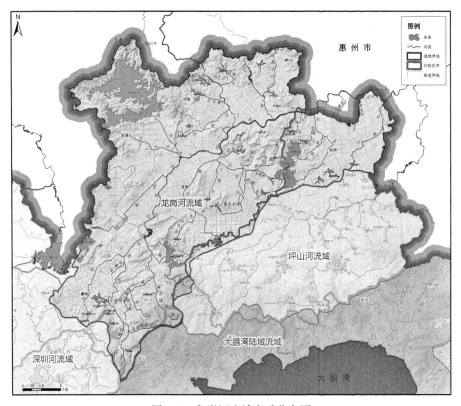

图 2.2　龙岗河流域水系分布图

2.2.4　水文水资源

龙岗河下游吓陂在 1959~1968 年曾有常设水文站。根据仅存的 10 年资料统计,其平均年径流深为 1 025 毫米,多年平均径流量为 2.97 亿立方米。

14

龙岗河天然径流量年内变化较大,枯水期(11~3 月)多年平均径流量为 0.259 亿立方米,仅占全年的 7.6%;丰水期(4~10 月)为 3.150 亿立方米,占全年的 92.4%;丰水年份(1961 年)为 5.038 亿立方米,枯水年份(1963 年)为 0.746 亿立方米,相差较大(表 2.3)。

表 2.3　龙岗河年径流量、年降水量统计分析表

流域	多年平均降水量/毫米	年径流深/毫米	多年平均降水量/亿立方米	多年平均径流量/亿立方米	多年平均径流量/(立方米/秒)	90%最枯月平均径流量/(立方米/秒)	各种保证率年径流总量/亿立方米				
							10%	50%	75%	90%	97%
龙岗河	1 870	1 025	5.43	2.97	9.43	1.11	4.48	2.82	2.17	1.63	1.25

2.2.5　土壤

龙岗河流域土壤主要有赤红壤、红壤、黄壤、水稻土等,其中以赤红壤分布最广。土壤在垂直分布上有明显的分带性,海拔 500 米以上多为黄壤,300~500 米的山地多为红壤,300 米以下山地多为赤红壤和侵蚀红壤,100 米以下侵蚀赤红壤分布较广,冲洪积阶地或洪积扇多发育洪积黄泥土。两河流域属于燕山期第三期侵入岩,岩性为黑云母花岗斑岩、似斑状黑云母花岗岩。

2.2.6　植被

龙岗河流域植被属于南亚热带季雨林,林木覆盖率为 50%左右,自然植被分常绿季雨林、常绿阔叶林、竹林、灌丛、灌草丛、刺灌丛、草丛等;广大丘陵山地植被以散生马尾松、灌丛和灌草丛为主,还有部分人工林。按群落类型分类,主要如下。

低山山顶中草群落:主要分布在海拔 550~600 米的山顶上,以茅草、鹧鸪草为主,覆盖度在 80%左右。

低山丘陵松树—灌丛—芒萁群落:主要分布在 600 米以下的山坡和高丘陵区,以马尾松、桃金娘、岗松鸭脚木、芒萁为主,多种灌丛生长较好,覆盖度一般为 80%~100%。

荒丘台地稀马尾松—稀灌丛—矮草群落:主要分布在村镇附近的丘陵

台地,生长着稀疏的马尾松针叶林,在灌丛间混杂着茅草、芒草等矮草及芒其,植被覆盖度低。

果林群落:主要有荔枝、龙眼、橄榄、黄皮、芒果、甘蔗、香蕉、菠萝、梅等。

2.3 社会经济概况

2.3.1 人口状况

根据《龙岗区 2015 年国民经济和社会发展统计公报》《坪山新区 2015 年国民经济和社会发展统计公报》和统计年鉴等数据,2015 年末龙岗河流域常住人口为 117.69 万人,其中横岗街道常住人口最多,其次是龙城街道、龙岗街道、坑梓街道,坪地街道人口最少(表 2.4)。

表 2.4　龙岗河流域 2015 年常住人口统计表　　(单位:万人)

行 政 区	街 道 办	常 住 人 口
龙岗区	横 岗	31.94
	龙 城	30.85
	龙 岗	23.12
	坪 地	9.78
	小 计	95.69
坪山新区	坑 梓	22.00
合 计		117.69

2.3.2 经济状况

2015 年龙岗区地区生产总值为 2 636.79 亿元,比上年增长 10.5%。分产业看,第一产业增加值为 0.21 亿元,比上年下降 18.6%;第二产业增加值为 1 667.47 亿元,增长 12.4%;第三产业增加值为 969.11 亿元,增长 7.0%。三次产业比例为 0.01∶63.24∶36.75。人均生产总值为 130 929 元/人,比上年增长 7.6%。

2015 年坪山新区实现生产总值 458.07 亿元,比上年增长 9.4%。第一产业增加值为 0.46 亿元,同比下降 17.1%;第二产业增加值为 305.68 亿元,同比增长 9.1%;第三产业增加值 151.93 亿元,同比增长 9.8%。三次产业结构为 0.10:66.73:33.17。人均生产总值为 133 238 元,同比增长 3.6%。

2015 年龙岗河流域生产总值为 1 087.88 亿元,各街道办地区生产总值详细情况见表 2.5。

表 2.5　龙岗河流域生产总值现状表　（单位：亿元）

行 政 区	街 道 办	地区生产总值
龙岗区	横 岗	222.99
	龙 城	336.71
	龙 岗	297.00
	坪 地	91.27
	小 计	947.97
坪山新区	坑 梓	139.92
合 计		1 087.89

2.3.3　土地利用

根据深圳市土地利用数据,龙岗河流域用地类型包括建设用地、林地、城市绿地等 9 种用地类型,总面积为 302.13 平方公里(表 2.6)。龙岗河流域建设用地面积为 121.20 平方公里,约占流域总面积的 40%,林地面积达 108.56 平方公里,约占流域总面积的 36%。总体而言,龙岗河流域城市开发强度较大。

表 2.6　龙岗河流域土地利用分布情况汇总表

土地利用类型	所占面积/平方公里	占总面积比重/%
林 地	108.56	35.93
城市绿地	24.96	8.26
农用地	8.27	2.74
湿 地	1.54	0.51
建设用地	121.20	40.12
河 流	1.54	0.51
湖库坑塘	8.48	2.81
裸土地	26.37	8.73
采石场	1.21	0.40
合 计	302.13	100.00

第 3 章 龙岗河环境现状及趋势

3.1 水污染防治现状

3.1.1 污水处理设施

龙岗河流域内共建有污水处理厂 6 座,设计处理规模为 91 万吨/日,其中设计出水标准为一级 A 的处理规模为 71 万吨/日,一级 B 为 20 万吨/日。2015 年实际处理量为 88.93 万吨/日(表 3.1 和表 3.2)。

表 3.1 龙岗河流域污水处理厂基本情况表

序号	设 施 名 称	建成时间	处理工艺	处理规模/ (万吨/日)	出水标准
1	横岭污水处理厂(一期)	2005 年	UCT	20	一级 B
2	横岭污水处理厂(二期)	2011.11	改良 A^2 - O	40	一级 A
3	横岗污水处理厂(一期)	2003.9	SBR	10	一级 A
4	横岗污水处理厂(二期)	2011.4	A^2 - O	10	一级 A
5	沙田污水处理厂	2012.4	改良 A^2 - O	3	一级 A
6	龙田污水处理厂	2002.6	A - O	8	一级 A
	合 计			91	

表 3.2 龙岗河流域污水处理厂收集范围及 2015 年实际处理量

序号	设 施 名 称	收 集 范 围	处理规模/ (万吨/日)	实际处理量/ (万吨/日)
1	横岭污水处理厂(一期)	龙城、龙岗和坪地街道办, 服务人口为 75 万人(一套 管网和二套箱涵)	20	20.21

序号	设 施 名 称	收 集 范 围	处理规模/ (万吨/日)	实际处理量/ (万吨/日)
2	横岭污水处理厂(二期)	龙城、龙岗和坪地(一套管网和二套箱涵)	40	38.98
3	横岗污水处理厂(一期)	梧桐山河、大康河截污箱涵和横岗片区管网	10	10.11
4	横岗污水处理厂(二期)	梧桐山河、大康河截污箱涵和横岗片区管网	10	11.84
5	沙田污水处理厂	田脚水流域为 14.1 平方公里(一套管网和一套箱涵)	3	2.02
6	龙田污水处理厂	田坑水流域 24 平方公里(二套管网)	8	5.77
	合 计		91	88.93

3.1.2 污水收集管网

截至 2014 年底,龙岗河流域共建成市政排水管网 2 229.89 公里(未包含城中村排水管线)。其中污水管网总长 834.44 公里,雨水管网总长 844.7 公里,合流管总长 227.9 公里,明渠总长 154.82 公里,排水箱涵总长 168.03 公里(表 3.3)。

表 3.3   龙岗河流域各街道排水管网汇总表

行政区	街道办	雨水管网 总长/公里	合流管 总长/公里	明渠总 长/公里	排水箱涵 总长/公里	污水管网 总长/公里
龙岗区	横岗	143.94	72.87	27.63	19.50	114.13
	龙城	238.63	2.05	9.29	56.41	197.90
	龙岗	283.56	21.77	12.41	64.11	251.43
	坪地	95.67	7.81	51.99	28.01	138.66
	小计	761.8	104.5	101.32	168.03	702.12
坪山新区	坑梓	82.9	123.4	53.5	0	132.32
合 计		844.7	227.9	154.82	168.03	834.44

龙岗河流域已建污水管网 834.44 公里,其中污水处理厂配套截污干管总长度为 208.8 公里(表 3.4)。支管网系统建设不完善,导致支流污水收集

率低,污水大多直接排放到河道,是造成支流污染严重的主要原因。因此,对于支流的治理,除加强沿河截污外,污水管网的完善是最直接、有效的措施。

表 3.4 龙岗河流域已建污水处理厂配套截污干管汇总表

序 号	项 目 名 称	规模/公里
1	梧桐山河截污干管工程	10.3
2	龙岗至坪地截污干管工程	23.6
3	横岗污水处理厂配套管网二期工程	7.8
4	梧桐山河截污干管完善工程	15.8
5	龙岗河流域截污干管完善工程	17
6	横岭污水处理厂配套管网二期工程	41.3
7	龙田污水处理厂配套管网一期工程	3
8	田坑水流域管网污水管网完善一期工程	18
9	田坑水流域污水管网完善二期工程	23
10	龙田污水处理厂配套管网二期工程	18
11	沙田污水处理厂配套管网工程	26
12	田脚水污水管网完善一期	5
合 计		208.8

横岗污水处理厂配套干管系统: 横岗污水处理厂服务范围内污水经由大康河现状污水干管系统(d1000)、茂盛河—横坪路污水干管系统(d800~d1200)、深惠路污水干管系统(d800~d1200)收集后,由梧桐山河污水主干管系统(d1200~d1800)和二期污水干管工程污水主干管系统(d1500~d1800)排入横岗污水处理厂。

横岭污水处理厂配套干管系统: 横岭污水处理厂服务范围内龙岗河西侧片区污水经由龙翔大道—龙城路—内环路污水干管系统(d1200~d1650)、龙城路—新生路污水干管系统(d1350~d1650)、黄沙河污水干管系统(d1000~d1200)收集后排入龙岗河北岸污水主干管系统(d2200~d2400);龙岗河东侧片区污水经由内环路污水干管系统(d1500~d1800)、南约河污水干管系统(d1200~d1650)、同乐河污水干管系统(d800~d1350)、丁山河污水干管系统(d800~d1800)收集后排入龙岗河南岸污水主干管系统(d2400~d2600),最后排入横岭污水处理厂。

龙田污水处理厂污水系统：锦绣西路以北、宝梓南路以西部分的污水，由东向西、由南向北汇入沿田坑水东侧规划新增的污水干管（d500~d1200）。田坑水西侧上游地块的污水因地势限制分为两个排水系统，沿河部分污水通过西岸污水干管输送至深汕公路处，向东穿过深汕公路，接入田高水东侧污水干管；另一部分污水汇集至光祖北路—龙兴南路污水管，向北穿过深汕公路后接入田坑水西岸现状 d1000 污水干管。

沙田污水处理厂污水干管系统：宝梓南路以东、鸡笼山以北部分的污水，由南向北汇于丹梓路污水干管，由西向东排向沙田污水处理厂；鸡笼山以东、临惠路以北区域的污水通过锦绣东路—丹梓东路污水干管输送到沙田污水处理厂。

3.1.3　河道综合整治工程

龙岗河干流综合整治工程。建设范围自支流梧桐山河与大康河汇合口到吓陂村交接断面，治理河长 19.9 公里，以南约河为界分两期实施。一期工程于 2011 年完工并运行，二期工程河道部分于 2015 年基本完工。工程建设内容包括河道水质保障（沿河截污箱涵和调蓄池）、稳堤固岸等。

支流综合整治工程。南约河和丁山河（低碳城段）已基本整治完成，梧桐山河、龙西河、黄沙河、丁山河、大康河和田坑水等河道综合整治工程在建。

3.1.4　管理措施

严格实施流域限批。对龙岗河流域实施流域限批，禁止新建、扩建重污染项目，严格审批把关。自 2007 年对龙岗河实施严格限批政策以来，龙岗河流域年引进项目数同比减少 85% 以上，一批重污染行业和低端产业项目被拒于门外。

加强工业污染源治理。加大流域工业污染源执法检查和整治力度。深圳市起草了《关于淘汰高污染产业推进产业转型升级的环境导向标准》，明确了电镀线路板等 8 个高污染行业，以及 72 种高污染、高环境风险产品，要求限期整治、改造或淘汰。通过法律、行政、环境经济政策等手段实施倒逼，淘汰一批污染严重的违法企业，促使企业主动治污、自觉守法，促进我市产业结构调整和优化。

清理违法禽畜养殖业。开展龙岗河流域内零散养殖户清理工作,定期对流域可能存在零散违法养殖的区域开展巡查,一旦发现及时清除,并建立回潮防范机制,防止违章养殖回潮;制定龙岗河流域规模化养殖场退出计划,2011年与康达尔、新龙达养殖场签订收地补偿协议,已完成搬迁工作。

加强河道维护管养。2011年深圳市启动河道管理范围勘定工作,对龙岗河实行月检查、季考核和年考评,河道维护管养质量明显提高。

加大环境执法力度。保持对龙岗河流域环境保护监管高压态势,开展流域污染整治专项行动,加大执法力度,严厉打击各类环境违法行为,有效遏制污染反弹的势头。

3.2 水文水资源状况与预测

3.2.1 水文水资源现状

根据《2015年深圳市水资源公报》,深圳市地处北回归线以南,属于亚热带海洋性气候,雨量充沛。2015年全市降水量为1 641.14毫米,同比减少16.99%,较常年减少10.32%,属于平水偏枯年。降水量分布呈现由东北部地区向西南部地区和东南部地区递减的趋势。

龙岗河流域内已建成的小(2)型以上水库工程37座,其中中型水库2座,小(1)型水库11座,小(2)型水库24座,总库容(特征库容)1.04亿立方米,总汇水面积(集雨面积)为69.26平方公里(表3.5)。

表3.5 流域已建水库工程基本情况统计表

序号	水库名称	规模	所在地	建成时间	集雨面积/平方公里	特征库容/万立方米				
						总库容	正常库容	调洪库容	兴利库容	死库容
1	清林径	中型	龙城	1963.3	23	2 751	1 803	948	1 772	31
2	松子坑	中型	坑梓	1995.3	3.46	2 659	2 450	209	2 324	126
3	黄竹坑	小(1)	坪地	1991.12	3.4	309.09	223	86.09	210	13
4	白石塘	小(1)	坪地	1964.1	1.59	126.31	97	29.31	92.5	4.5

序号	水库名称	规模	所在地	建成时间	集雨面积/平方公里	特征库容/万立方米				
						总库容	正常库容	调洪库容	兴利库容	死库容
5	长　坑	小(1)	坪地	1998.1	1.15	158.86	128	30.86	123.7	4.3
6	沙背坜	小(1)	龙岗	1966.12	1.24	109.59	88	21.59	82	6
7	炳　坑	小(1)	龙岗	1964.11	3.02	377.08	300	77.08	289.5	10.5
8	三棵松	小(1)	龙岗	1963.3	1.21	135.1	105.6	29.5	100.6	5
9	龙　口	小(1)	龙城	1995.8	1.93	997.48	924	73.48	916.7	7.3
10	黄龙湖	小(1)	龙城	2001.8	5.2	937.85	708	229.85	681	27
11	铜锣径	小(1)	横岗	1990.12	5.64	730	576	154	560.7	15.3
12	塘坑背	小(1)	横岗	1964.6	1.06	111.74	94	17.74	90	4
13	石桥沥	小(1)	坑梓	1962.4	1.74	192	148	44	147.35	0.65
14	石　寮	小(2)	龙岗	1972.5	0.95	25.81	16.15	9.66	15.15	1
15	上禾塘	小(2)	龙岗	1954.12	0.41	29.3	23	6.3	22.83	0.17
16	新　生	小(2)	龙岗	1952.3	0.5	18.46	14.59	3.87	14.49	0.1
17	茅　湖	小(2)	龙岗	1980.6	0.89	60	49	11	47.3	1.7
18	田祖上	小(2)	龙岗	1952.5	0.52	10	6.5	3.5	5.93	0.57
19	太　源	小(2)	龙岗	1957.4	0.42	24.75	21.2	3.55	19.88	1.32
20	伯　坳	小(2)	龙城	1989.3	1.63	20.58	10.3	10.28	9.76	0.54
21	神仙岭	小(2)	龙城	1955.2	0.79	62.47	48.95	13.52	43.31	5.64
22	牛始窝	小(2)	横岗	1988.8	0.42	59.6	54	5.6	53	1
23	黄竹坑	小(2)	横岗	1958.9	0.53	43.66	30	13.66	26	4
24	南风坳	小(2)	横岗	1958.4	0.52	10.55	5.98	4.57	5.77	0.21
25	小　坳	小(2)	横岗	1969.3	1.06	87.51	74.32	13.19	72.11	2.21
26	石龙肚	小(2)	横岗	1977.1	0.5	25.97	20.6	5.37	20.5	0.1
27	上西风坳	小(2)	横岗	1964.11	0.45	10.7	7.16	3.54	6.83	0.33
28	下西风坳	小(2)	横岗	1970.3	0.17	21.47	16.3	5.17	15.58	0.72
29	和尚径	小(2)	坪地	1967.2	1.63	10.49	4.2	6.29	3.2	1
30	企炉坑	小(2)	坪地	1955.12	0.35	17.4	12	5.4	11.5	0.5
31	三　坑	小(2)	坪地	1957.1	0.47	45.2	31	14.2	30.1	0.9
32	上　輋	小(2)	坪地	1992.4	0.65	48.55	37	11.55	35.25	1.75
33	石　豹	小(2)	坪地	1957.2	0.71	20.98	14	6.98	13.7	0.3
34	花鼓坪	小(2)	坑梓	1963.12	0.82	25.18	11.93	13.25	2.81	9.12
35	老鸦山	小(2)	坑梓	1994.9	0.34	12.22	7.14	5.08	6.48	0.66
36	塘外口	小(2)	坑梓	1965.3	0.32	41.3	35.53	5.77	32.41	3.12
37	鸡笼山	小(2)	坑梓	1954.3	0.57	48.06	38.75	9.31	36.83	1.92
合　计					69.26	10 375.31	8 234.2	2 141.11	7 940.77	293.43

龙岗河流域内主要饮用水水库共 9 座,其中中型水库 2 座,分别是清林

径水库和松子坑水库,小(1)型水库 7 座,分别为黄竹坑水库、白石镇水库、长坑水库、炳坑水库、龙口水库、塘坑背水库、正坑水库。2015 年龙岗河流域主要水库的蓄水变化情况如表 3.6 所示。

表 3.6　龙岗河流域水库蓄水动态和供水情况表

(单位:万立方米)

水库类型	水库名称	所在地区	所在街道办	2014 年末蓄水量	2015 年末蓄水量	蓄水量变化	2015 年供水量
中型水库	清林径水库	龙岗区	龙城	117.22	327.45	210.23	1 088.65
	松子坑水库	坪山新区	坑梓	866.22	1 215.29	349.07	7 551.48
小(1)型水库	黄竹坑水库	龙岗区	坪地	57	100	43	167.44
	白石镇水库	龙岗区	坪地	30	46.1	16.1	41.29
	长坑水库	龙岗区	坪地	39	53.1	14.1	54.58
	炳坑水库	龙岗区	龙岗	54	95.7	41.7	256.25
	龙口水库	龙岗区	龙城	406	371.56	−34.44	7 605.56
	塘坑背水库	龙岗区	横岗	38	71.62	33.62	121.42
	正坑水库	龙岗区	横岗	192	300	108	107
小　计				1 799.44	2 580.82	781.38	16 993.67

3.2.2　水文水资源预测

1. 预测方法

(1)工业用水量

采用几何级数增长模型预测。依据规划水平年的工业总产值预测采用的增长速度,并考虑技术进步因素,在 2018 年增长速度的基础上乘以 90% 预测 2018 年工业生产用水量,在 2025 年增长速度的基础上乘以 70% 预测 2025 年工业生产用水量,计算公式如下:

$$Q_{工业} = Q_0 \times (1 + r\eta)^t$$

式中,$Q_{工业}$ 为目标年工业用水量,万吨/年;Q_0 为基准年(2015 年)工业用水量,万吨/年;r 为目标年与基准年之间的工业总产值增长率,根据近 5 年龙岗河流域内工业总产值增长情况,预计 2015~2025 年工业总产值增长率为 14%;η 为技术进步折算系数;t 为目标年与基准年的年份差。

（2）生活用水量

生活用水量采用几何级数增长模型预测，表示为

$$Q_{生活} = c \times R_0 \times (1 + a)^t$$

式中，$Q_{生活}$ 为目标年生活用水量，万吨/年；c 为目标年人均生活用水量，万吨/（年·万人）；R_0 为基准年的人口基数，万人；a 为人口增长率，根据近 5 年龙岗河流域内各街道办人口增长情况，预计 2015～2025 年人口增长率取值为 3%；t 为目标年与基准年的年份差。

（3）其他用水量

其他用水量采用几何级数增长模型预测，表示为

$$Q_{其他} = Q_0 \times (1 + r)^t$$

式中，$Q_{其他}$ 为目标年其他用水量，万吨/年；Q_0 为基准年其他用水量，万吨/年；r 为目标年与基准年之间其他用水增长率，参考近 5 年深圳市水资源公报数据，预计 2015～2025 年其他用水增长率为 11%；t 为目标年与基准年的年份差。

2. 预测结果

根据上述方法，龙岗河流域 2018 年总用水量预计为 28 191.07 万吨，其中生活用水量为 22 940.69 万吨，工业用水量为 2 557.04 万吨，其他用水量为 2 693.34 万吨（图 3.1）。

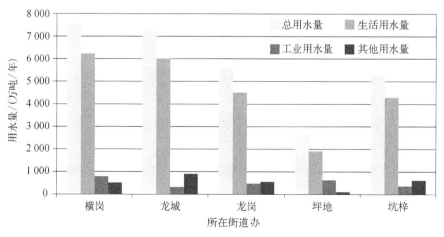

图 3.1　2018 年龙岗河各类用水情况预测

龙岗河流域 2025 年总用水量预计为 38 367.87 万吨,其中生活用水量为 28 214.15 万吨,工业用水量为 4 561.90 万吨,其他用水量为 5 591.81 万吨(图 3.2)。

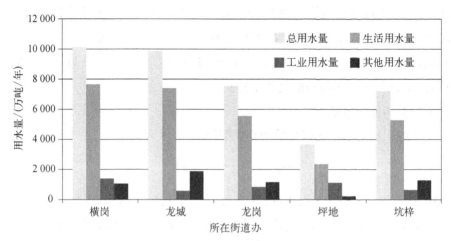

图 3.2　2025 年龙岗河各类用水情况预测

3.3　水质现状与历史趋势

3.3.1　河流水环境质量变化趋势分析

1. 流域综合水质状况

为综合评估河流水质状况,分别采用 2011~2015 年平均水质浓度和最差水质浓度进行评价,其中平均水质是指 2011~2015 年监测数据的算术平均值,最差水质是指 2011~2015 年监测数据的最差值。

(1)干流

2011~2015 年龙岗河干流主要污染物指标平均水质指数和最差水质指数见表 3.7 和表 3.8。

从平均水质来看,龙岗河干流仅西坑、葫芦围两个断面主要水质指标的平均水质指数均小于 1,达到地表水 V 类标准。龙岗河干流 5 个断面,高锰

酸盐指数和化学需氧量平均水质指数均小于 1,水质优于地表水 V 类标准;
低山村、吓陂、西湖村 3 个断面氨氮和总磷平均水质指数大于 1,水质劣于地
表水 V 类标准,其中西湖村断面氨氮超标最为严重,平均水质指数为 3.24,
低山村断面总磷超标最为严重,平均水质指数为 1.68。

表 3.7　2011~2015 年龙岗河干流水质指标平均水质指数

断面名称	高锰酸盐指数	化学需氧量	氨　氮	总　磷
西　坑	0.06	0.18	0.02	0.04
葫芦围	0.25	0.43	0.85	1.00
低山村	0.33	0.66	2.28	1.68
吓　陂	0.44	0.45	1.64	1.10
西湖村	0.36	0.51	3.24	1.41

表 3.8　2011~2015 年龙岗河干流水质指标最差水质指数

断面名称	高锰酸盐指数	化学需氧量	氨　氮	总　磷
西　坑	0.14	0.36	0.09	0.31
葫芦围	0.57	1.67	4.90	3.56
低山村	0.83	2.23	9.90	8.18
吓　陂	2.87	1.06	5.73	5.87
西湖村	0.58	1.26	7.37	3.85

从最差水质来看,龙岗河干流仅西坑断面主要水质指标达到地表水 V
类标准,而吓陂断面主要水质指标均未达到地表水 V 类标准。吓陂断面高
锰酸盐指数超标最为严重,最差水质指数为 2.87;低山村断面化学需氧量、
氨氮和总磷超标最为严重,其最差水质指数分别为 2.23、9.90 和 8.18。

根据《地表水环境质量标准》(GB 3838—2002),评价 2011~2015 年龙
岗河主要指标平均水质和最差水质所属水质类别,评价结果见表 3.9 和表
3.10。

从平均水质类别来看,高锰酸盐指数和化学需氧量均达到或优于地表
水 Ⅳ 类水质标准;西坑断面全部指标达到地表水 Ⅰ 类标准;除西坑、葫芦围
断面以外,其余 3 个断面氨氮均劣于地表水 V 类标准;5 个断面中,仅西坑断
面总磷达标,其他断面均劣于地表水 V 类标准。

表 3.9 2011~2015 年主要指标平均水质类别

断面名称	高锰酸盐指数	化学需氧量	氨　氮	总　磷
西　坑	I	I	I	I
葫芦围	II	III	V	劣 V
低山村	III	IV	劣 V	劣 V
吓　陂	IV	III	劣 V	劣 V
西湖村	III	IV	劣 V	劣 V

表 3.10 2011~2015 年主要指标最差水质类别

断面名称	高锰酸盐指数	化学需氧量	氨　氮	总　磷
西　坑	II	I	II	III
葫芦围	IV	劣 V	劣 V	劣 V
低山村	V	劣 V	劣 V	劣 V
吓　陂	劣 V	劣 V	劣 V	劣 V
西湖村	IV	劣 V	劣 V	劣 V

从最差水质类别来看,仅西坑断面全部指标达标,达到或优于III类标准,而吓陂断面主要水质指标均劣于地表水V类标准;除西坑断面以外,其余 4 个断面化学需氧量、氨氮、总磷均劣于地表水V类标准。

(2)支流

2011~2015 年龙岗河主要支流主要污染物指标平均水质指数和最差水质指数见表 3.11 和表 3.12。

表 3.11 2011~2015 年龙岗河支流水质指标平均水质指数

支流名称	断面名称	高锰酸盐指数	化学需氧量	氨　氮	总　磷
黄沙河	深惠交界处	1.77	4.32	5.92	6.88
	汇入龙岗河前桥下	0.55	1.29	4.40	2.56
丁山河	南坑东径桥	0.61	1.47	4.74	3.86
	汇入龙岗河前	0.55	1.16	4.81	2.20
梉梓河	深惠交界处	0.89	2.06	3.29	3.19
大康河	河　口	0.55	1.54	6.20	3.15
龙西河	河　口	0.44	0.88	3.29	1.30

支流名称	断面名称	高锰酸盐指数	化学需氧量	氨　氮	总　磷
南约河	龙岗中心小学	0.47	0.96	4.36	3.01
同乐河	同乐菜场	0.62	1.35	4.01	3.14
梧桐山河	敬老院桥	0.44	1.30	2.56	1.88

表 3.12　2011~2015 年龙岗河支流水质指标最差水质指数

支流名称	断面名称	高锰酸盐指数	化学需氧量	氨　氮	总　磷
黄沙河	深惠交界处	14.60	20.33	17.20	41.88
	汇入龙岗河前桥下	2.39	6.77	10.65	25.20
丁山河	南坑东径桥	1.73	4.40	17.45	20.15
	汇入龙岗河前	1.07	2.77	11.71	8.74
枕梓河	深惠交界处	14.00	18.87	11.20	13.48
大康河	河　口	1.00	4.00	18.50	11.03
龙西河	河　口	0.91	3.33	9.13	2.53
南约河	龙岗中心小学	0.93	2.80	14.89	23.43
同乐河	同乐菜场	1.31	2.98	9.25	6.38
梧桐山河	敬老院桥	1.29	5.00	4.90	5.73

从平均水质来看,除黄沙河深惠交界处断面以外,其余断面高锰酸盐指数均达到地表水 V 类标准。除龙西河河口断面、南约河龙岗中心小学断面以外,其余断面化学需氧量平均水质指数均大于 1,均劣于地表水 V 类标准,其中黄沙河深惠交界处断面超标最为严重,其平均水质指数为 4.32。所有断面氨氮和总磷平均水质指数均大于 1,劣于地表水 V 类标准,其中大康河河口断面氨氮超标最为严重,其平均水质指数为 6.20,黄沙河深惠交界处断面总磷超标最为严重,其平均水质指数为 6.88。

从最差水质来看,仅大康河河口断面、龙西河河口断面、南约河龙岗中心小学断面高锰酸盐指数达标,其余均超标。黄沙河深惠交界处断面高锰酸盐指数、化学需氧量和总磷污染最为严重,最差水质指数分别为 14.60、20.33 和41.88,而大康河河口的氨氮污染最为严重,最差水质指数为 18.50。

根据《地表水环境质量标准》（GB 3838—2002），评价 2011～2015 年龙岗河支流主要指标平均水质和最差水质所属水质类别，评价结果见表 3.13和表 3.14。

表 3.13　2011～2015 年龙岗河支流主要指标平均水质类别

支流名称	断面名称	高锰酸盐指数	化学需氧量	氨　氮	总　磷
黄沙河	深惠交界处	劣Ⅴ	劣Ⅴ	劣Ⅴ	劣Ⅴ
	汇入龙岗河前桥下	Ⅳ	劣Ⅴ	劣Ⅴ	劣Ⅴ
丁山河	南坑东径桥	Ⅳ	劣Ⅴ	劣Ⅴ	劣Ⅴ
	汇入龙岗河前	Ⅳ	劣Ⅴ	劣Ⅴ	劣Ⅴ
杧梓河	深惠交界处	Ⅴ	劣Ⅴ	劣Ⅴ	劣Ⅴ
大康河	河　口	Ⅳ	劣Ⅴ	劣Ⅴ	劣Ⅴ
龙西河	河　口	Ⅳ	Ⅴ	劣Ⅴ	劣Ⅴ
南约河	龙岗中心小学	Ⅳ	Ⅴ	劣Ⅴ	劣Ⅴ
同乐河	同乐菜场	Ⅴ	劣Ⅴ	劣Ⅴ	劣Ⅴ
梧桐山河	敬老院桥	Ⅳ	劣Ⅴ	劣Ⅴ	劣Ⅴ

表 3.14　2011～2015 年龙岗河支流主要指标最差水质类别

支流名称	断面名称	高锰酸盐指数	化学需氧量	氨　氮	总　磷
黄沙河	深惠交界处	劣Ⅴ	劣Ⅴ	劣Ⅴ	劣Ⅴ
	汇入龙岗河前桥下	劣Ⅴ	劣Ⅴ	劣Ⅴ	劣Ⅴ
丁山河	南坑东径桥	劣Ⅴ	劣Ⅴ	劣Ⅴ	劣Ⅴ
	汇入龙岗河前	劣Ⅴ	劣Ⅴ	劣Ⅴ	劣Ⅴ
杧梓河	深惠交界处	劣Ⅴ	劣Ⅴ	劣Ⅴ	劣Ⅴ
大康河	河　口	Ⅴ	劣Ⅴ	劣Ⅴ	劣Ⅴ
龙西河	河　口	Ⅴ	劣Ⅴ	劣Ⅴ	劣Ⅴ
南约河	龙岗中心小学	Ⅴ	劣Ⅴ	劣Ⅴ	劣Ⅴ
同乐河	同乐菜场	劣Ⅴ	劣Ⅴ	劣Ⅴ	劣Ⅴ
梧桐山河	敬老院桥	劣Ⅴ	劣Ⅴ	劣Ⅴ	劣Ⅴ

从平均水质类别来看，龙岗河支流 10 个断面水质未达到地表水Ⅴ类标

准。除了黄沙河深惠交界处断面以外,其他断面高锰酸盐指数均达到地表水 V 类标准。除了龙西河河口断面和南约河龙岗中心小学断面以外,其他断面化学需氧量均未达到地表水 V 类标准;所有监测断面氨氮和总磷均劣于地表水 V 类标准。

从最差水质类别来看,龙岗河支流 10 个断面水质未达到地表水 V 类标准。仅大康河河口断面、龙西河河口断面、南约河龙岗中心小学断面高锰酸盐指数达到地表水 V 类标准,其他所有断面化学需氧量、氨氮和总磷均劣于地表水 V 类标准。

2. 流域年度水质演变趋势

(1) 干流

根据 2011~2015 年流域各断面水质监测数据,采用年平均水质分析比较历年水质变化情况,依据各断面水质目标及《地表水环境质量标准》(GB 3838—2002),评价得到各断面年平均水质类别,见表 3.15。

表 3.15　2011~2015 年历年年平均水质类别

断面名称	2011 年	2012 年	2013 年	2014 年	2015 年
西　坑	Ⅱ	Ⅰ	Ⅰ	Ⅰ	Ⅰ
葫芦围	劣 V	V	V	V	V
低山村	劣 V	劣 V	Ⅳ	V	V
吓陂	劣 V	劣 V	V	劣 V	劣 V
西湖村	劣 V	劣 V	劣 V	劣 V	劣 V

2011~2015 年龙岗河干流整体水质获得改善。西坑断面水质在 2012 年由地表水 Ⅱ 类标准上升至 Ⅰ 类标准,并稳定维持在 Ⅰ 类标准;葫芦围断面水质在 2012 年由劣 V 类标准上升至 V 类,并稳定维持在 V 类;低山村断面水质在 2013 年由劣 V 类标准上升至Ⅳ类,后稳定在 V 类;吓陂断面水质在 2013 年曾改善至 V 类标准,然又降回劣 V 类;西湖村断面水质则始终为劣 V 类,水质类别未改变。

根据 2011~2015 年流域各断面水质监测数据,采用年内最差月水质进行分析,依据各断面水质目标及《地表水环境质量标准》(GB 3838—2002),评价得到各断面最差月水质类别(表 3.16)。

31

表 3.16 2011~2015 年历年最差月水质类别

断面名称	2011 年	2012 年	2013 年	2014 年	2015 年
西 坑	Ⅱ	Ⅱ	Ⅱ	Ⅲ	Ⅱ
葫芦围	劣Ⅴ	劣Ⅴ	劣Ⅴ	劣Ⅴ	劣Ⅴ
低山村	劣Ⅴ	劣Ⅴ	劣Ⅴ	劣Ⅴ	劣Ⅴ
吓 陂	劣Ⅴ	劣Ⅴ	劣Ⅴ	劣Ⅴ	劣Ⅴ
西湖村	劣Ⅴ	劣Ⅴ	劣Ⅴ	劣Ⅴ	劣Ⅴ

由表 3.16 可知,根据 2011~2015 年历年最差月水质类别,历年最差月水质能稳定达标的断面仅西坑一个,其余断面水质均劣于地表水 Ⅴ 类标准。

(2) 支流

根据 2011~2015 年流域各支流水质监测数据,采用年平均水质分析比较历年水质变化情况,依据各支流水质目标及《地表水环境质量标准》(GB 3838—2002),评价得到各断面年平均水质类别。

由表 3.17 可知,2011~2015 年 8 条支流 10 个断面水质始终劣于地表水 Ⅴ 类标准,水质未得到改善。

表 3.17 2011~2015 年各支流历年年平均水质类别

支流名称	断面名称	2011 年	2012 年	2013 年	2014 年	2015 年
黄沙河	深惠交界处	劣Ⅴ	劣Ⅴ	劣Ⅴ	劣Ⅴ	劣Ⅴ
	汇入龙岗河前桥下	—	—	劣Ⅴ	劣Ⅴ	劣Ⅴ
丁山河	南坑东径桥	劣Ⅴ	劣Ⅴ	劣Ⅴ	劣Ⅴ	劣Ⅴ
	汇入龙岗河前	—	—	劣Ⅴ	劣Ⅴ	劣Ⅴ
枬梓河	深惠交界处	劣Ⅴ	劣Ⅴ	劣Ⅴ	劣Ⅴ	劣Ⅴ
大康河	河 口	—	—	—	劣Ⅴ	劣Ⅴ
龙西河	河 口	—	—	—	劣Ⅴ	劣Ⅴ
南约河	龙岗中心小学	—	—	—	劣Ⅴ	劣Ⅴ
同乐河	同乐菜场	—	—	—	劣Ⅴ	劣Ⅴ
梧桐山河	敬老院桥	—	—	—	劣Ⅴ	劣Ⅴ

注:—表示未监测。

　　根据 2011~2015 年流域各支流水质监测数据,采用年内最差月水质进行分析,依据各支流水功能区水质目标及《地表水环境质量标准》(GB 3838—2002),评价得到各支流最差月水质类别。

　　由表 3.18 可知,根据 2011~2015 年历年最差月水质类别,8 条支流 10 个断面水质始终劣于地表水 V 类标准,全部超标,污染严重。

表 3.18　2011~2015 年各支流历年最差月水质类别

支流名称	断面名称	2011 年	2012 年	2013 年	2014 年	2015 年
黄沙河	深惠交界处	劣 V	劣 V	劣 V	劣 V	劣 V
	汇入龙岗河前桥下	—	—	劣 V	劣 V	劣 V
丁山河	南坑东径桥	劣 V	劣 V	劣 V	劣 V	劣 V
	汇入龙岗河前	—	—	劣 V	劣 V	劣 V
杶梓河	深惠交界处	劣 V	劣 V	劣 V	劣 V	劣 V
大康河	河　口				劣 V	劣 V
龙西河	河　口				劣 V	劣 V
南约河	龙岗中心小学				劣 V	劣 V
同乐河	同乐菜场				劣 V	劣 V
梧桐山河	敬老院桥				劣 V	劣 V

　　注:—表示未监测。

3.3.2　交接断面水质分析

1. 交接断面水质现状分析

　　2015 年龙岗河西湖村断面水质劣于地表水 V 类标准,与 2018 年省考核目标仍有较大差距,与地表水 Ⅲ 类的功能区划要求差距巨大(表 3.19)。

表 3.19　2015 年龙岗河西湖村考核断面水质现状

考核断面	水域功能	2018 年考核要求	年平均水质类别	最差月水质类别
西湖村	Ⅲ	V	劣 V	劣 V

　　从 2015 年西湖村断面各主要水质指标变化趋势来看,化学需氧量全年

优于地表水 V 类标准,最大值出现在 7 月,为 26.95 毫克/升,最小值出现在 12 月,为 7.7 毫克/升,全年平均浓度为 17.4 毫克/升。氨氮全年劣于地表水 V 类标准,最大值出现在 7 月,为 7.86 毫克/升,最小值出现在 12 月,为 3.75 毫克/升,全年平均浓度为 5.36 毫克/升。总磷全年劣于地表水 V 类标准,最大值出现在 7 月,为 0.944 毫克/升,最小值出现在 2 月、11 月,均为 0.339 毫克/升,全年平均浓度为 0.583 毫克/升。总体而言,丰水期西湖村断面氨氮和总磷浓度要高于枯水期,说明流域受雨季面源污染影响仍较大 (图 3.3~图 3.5)。

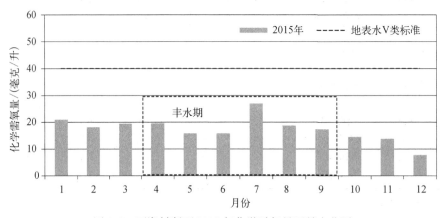

图 3.3 西湖村断面 2015 年化学需氧量逐月变化图

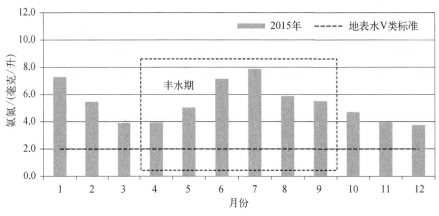

图 3.4 西湖村断面 2015 年氨氮逐月变化图

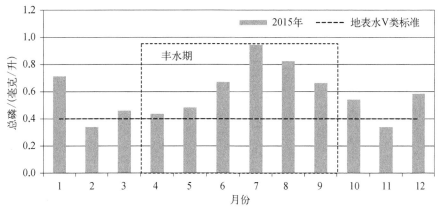

图 3.5　西湖村断面 2015 年总磷逐月变化图

2. 交接断面水质变化趋势状分析

2011~2015 年西湖村交接断面主要指标变化趋势如图 3.6、图 3.7 和图 3.8 所示。

2011~2015 年西湖村断面化学需氧量、氨氮浓度均呈先下降后上升再下降的趋势,2013 年达到最低值,但总体上化学需氧量较为稳定,氨氮整体呈下降趋势;总磷呈先下降后缓慢上升趋势,2013 年达到最低值,2014 年、2015 年有所反弹。

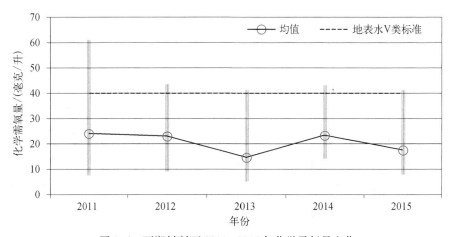

图 3.6　西湖村断面 2011~2015 年化学需氧量变化

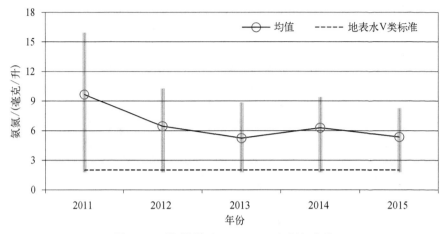

图 3.7 西湖村断面 2011~2015 年氨氮变化

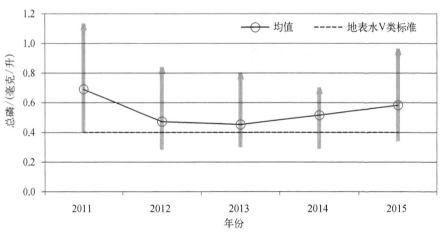

图 3.8 西湖村断面 2011~2015 年总磷量变化

总体而言,近 5 年西湖村断面化学需氧量基本保持优于地表水 V 类标准,仅在 2011 年、2012 年和 2014 年有少数月份浓度超过地表水 V 类标准;氨氮均劣于地表水 V 类标准;总磷在 2012~2015 年有少数月份达到地表水 V 类标准,但年均值均劣于地表水 V 类标准。

3.4　流域水生态现状

2015 年枯水期,依托国家水专项课题组织开展了龙岗河流域水生态调查。在龙岗河流域共布设淡水生态调查点位 20 个,涵盖龙岗河干流和主要支流入河口。干流监测点包括西坑、蒲芦围、低山村、吓陂、西湖村、截污箱涵排放口附近。支流监测点包括四联河、大康河、爱联河、龙西河(回龙河)、南约河、同乐河、丁山河、黄沙河、田坑水、田脚水河口。

3.4.1　浮游植物

1. 种类组成

龙岗河流域的浮游植物计有 100 种,隶属于 6 门,其中绿藻为主,共 39 种,占总种数的 39%;其次是硅藻,共 29 种,占总种数的 29%;裸藻 21 种,占总种数的 29%;蓝藻 5 种,占总种数的 5%;甲藻与隐藻各 3 种占总种数的 3%。同时在所有调查站位中共发现梅尼小环藻 Cyclotella meneghiniana,中华小尖头藻 Merismopedia sinica 以及顶锥十字藻 Crucigenia apiculata 等 13 种常见种。另发现短线脆杆藻 Fragilaria brevistriata,小形异极藻 Gomphonema parvulum 以及颗粒直链藻 Melosira granulata 等 24 种污染指示种。

龙岗河流域的浮游植物种类数较多,平均为 20 种,分布范围在 9~29 种。浮游植物空间分布以吓陂下游,丁山河入河口,爱联河入河口以及田脚水四个区域种类数量最多,均为 25 种以上,其中分别有 29 种,28 种,27 种和 27 种;黄沙河入河口,箱涵汇流口,田坑水入河口,蒲芦围,龙岗河—丁山河,箱涵出水口上游种类数量次之,均为 20~25 种之间;大康河种数最少,为 9 种;其余站点浮游植物种类数量相当,都为 10~20 种之间。

2. 数量分布

龙岗河流域的浮游植物栖息密度较高,平均为 2.33×106 cells/L,分布范围在 0.52~206×105 cells/L,各站位之间分布极不均匀,最高值区主要出现在丁山河入河口,数量级高达 107 cells/L,该站主要种类为卵形隐藻 Cryptomons ovata,网球藻 Dictyosphaeria cavernosa、二角盘星藻 Pediastrum *duplex* 为主;龙岗河流域密度最低值出现在大康河,仅为 0.52×105 cells/L;其余站位除田坑水入河口以及四联河的浮游植物栖息密度相对较高外,其余站位栖息密度均相对较低。

各站位浮游植物类群以绿藻类与硅藻类数量占主导,另外蓝藻,裸藻隐藻以及绿藻均数量较少。其中绿藻有网球藻 *Dictyosphaeria cavernosa*,四尾栅藻 *Scenedesmus quadricauda*,被甲栅藻博格变种双尾变型 *Scenedesmus armatus* var. *boglariensis f . bicaudatus*,四尾栅藻 *Scenedesmus quadricauda*。硅藻如胃形舟形藻 Navicula gastrum,颗粒直链藻 Melosira granulata 等种类数量较多。

3. 优势种及多样性水平

按照优势度 *Y*≥0.02 来确定浮游植物优势种类,共得出 8 个种类:被甲栅藻博格变种双尾变型 *Scenedesmus armatus* var. *boglariensis f. bicaudatus*、变异直链藻 *Melosira varians*、颗粒直链藻 *Melosira granulata*、卵形隐藻 *Cryptomons ovata*、绿色颤藻 *Oscillatoria chlorine*、梅尼小环藻 *Cyclotella meneghiniana*、四尾栅藻 *Scenedesmus quadricauda* 以及胃形舟形藻 *Navicula gastrum*。而在所有 8 种优势种中其中有 6 种为污染指示种,表明龙岗河流域水体生态环境所受污染较大。其中如被甲栅藻博格变种双尾变型 *Scenedesmus armatus* var. *boglariensis f. bicaudatus*、变异直链藻 *Melosira varians*、颗粒直链藻 *Melosira granulata*、绿色颤藻 *Oscillatoria chlorine*、梅尼小环藻 *Cyclotella meneghiniana*、四尾栅藻 *Scenedesmus quadricauda* 均为污染指示种。

龙岗河流域浮游植物 Shannon-Wiener 多样性指数(H′)分布较均匀,大部分站位的指数介于 2.5~3.5 之间,平均值为 2.88;最高值为 3.85,出现于爱联河入河口;调查流域中龙岗河—低山村的多样性指数最低,其数值为 1.45。Pielou 均匀度指数(J)变化范围在 0.35~0.84,平均值为 0.67,以黄沙河最高,其数值为 0.84,同样龙岗河—低山村均匀度也为最低。总体而言,龙岗河流域 Shannon-Wiener 多样性指数和 Pielou 均匀度指数均较一般,说明该流域生态环境质量状况一般。

3.4.2 浮游动物

1. 种类组成

经鉴定调查的浮游动物由 3 大类群组成,共计 16 种,其中优势类群为轮虫,占浮游动物种类数的 94%,枝角类一种,未发现桡足类成体(幼体无法确定种类)。从浮游动物空间分布来看,丁山河入河口处浮游动物种类数最多(9 种),龙西河、田坑水河口、田脚水、大康河、西坑水等仅发现一种浮游动物种类分布。

2. 丰度和生物量

调查区域浮游动物丰度及生物量值较低,浮游动物总丰度变化范围为 0~64.5 ind./L,平均丰度为 8.52 ind./L;总生物量变化范围为 0~175.8 μg/L,平均生物量为 22.48 μg/L。

3. 优势种及多样性水平

以优势度 $Y \geqslant 0.02$ 为评价标准,本次调查的浮游动物优势种共有 3 种,分别为独角聚花轮虫、萼花臂尾轮虫和腔轮虫,优势度分别为 0.02,0.02,0.20。

调查区域各站位之间 Shannon-Wiener 多样性指数和 Sinpson 多样性指数、均匀度指数(J)变化趋势基本一致,可能由于本次调查为冬季采样,区域的浮游动物种类数较少,且多样性处于较低水平。

3.4.3　底栖生物

1. 种类组成及分布

调查区域内共鉴定出大型底栖动物 3 门 7 纲 19 科 27 种,其中环节动物 3 纲 4 科 6 种,占种类总数的 22.22%,软体动物 2 纲 6 科 8 种,占种类总数的 29.63%,节肢动物门 2 纲 9 科 13 种,占种类总数的 48.15%。从物种组成上看,节肢动物是所得底栖动物的主要构成类群,软体动物次之,环节动物种类最少。

丁山河入河口、箱涵出水口上游位点出现种类最多,分别为 11 和 10 种;其次为黄沙河入河口下游、低山村、龙西河河口位点,均出现 8 种;黄沙河、田坑水、田脚水、大康河、四联河河口位点出现的底栖动物物种数最少,均仅含有 2 种。

2. 数量与生物量分布

调查水域内,各位点大型底栖动物的栖息密度为 11~5 283 ind/m²,平均为 695 ind/m²,可见最高值与最低值差距很大。底栖动物最高栖息密度分布在西坑位点,其次为丁山河河口位点;最低密度出现在四联河河口位点,其次为葫芦围位点。西坑和丁山河河口位点均因节肢动物摇蚊科的数量较大,使其栖息密度最高。

大型底栖生物各类群数量组成中,以昆虫纲数量最大,平均栖息密度为371.2 ind/m² ,占调查水域底栖动物平均栖息密度的53.39%,分布范围介于0~4 922 ind/m² 之间;寡毛纲数量居第二位,平均密度为257.9 ind/m² ,占平均栖息密度的37.10%,变化范围为0~1 339 ind/m² ;其他5类底栖动物的栖息密度远小于昆虫纲和寡毛纲,5者加和占剩余的9.51%,平均栖息密度介于0.265(瓣鳃纲)~53.2(腹足纲)ind/m² 。

调查水域内,各位点大型底栖动物的生物量变化范围为0.004~79.30 g/m² ,平均生物量为9.73 g/m² ,生物量数据的变化范围也体现出各位点间较大的差异。其中龙西河位点的生物量最高79.30 g/m² ,其次为箱涵出水口上游位点68.97 g/m² ,主要原因是该位点出现大量群居的腹足纲软体动物;四联河河口位点的生物量最低,仅为0.004 g/m² ,在该位点的样方中仅挑拣出霍普水丝蚓与毛缘蜾蠃属1种各1只。

腹足纲是调查水域内底栖生物生物量最高者,其平均生物量为7.769 g/m² ,占底栖生物平均生物量的79.86%,远高于其他各类底栖动物的平均生物量;昆虫的平均生物量为1.339 g/m² ,位居第二,占平均生物量的13.77%;其他5类底栖动物的栖息密度远小于腹足纲和昆虫纲,5者其加和占剩余的6.37%,平均栖息密度介于瓣鳃纲0.006~腹足纲0.375 g/m² 。虽然昆虫纲和寡毛刚底栖动物的栖息密度远高于腹足纲,但因腹足纲的生物个体较大,使得其平均生物量组成比例有了显著增加。

3. 多样性水平

本次调查的大型底栖生物 Shannon-Wiener 多样性指数(H′)范围在0.027~1.742 之间,平均为0.757,最高值出现在丁山河入河口位点,最低值出现在田坑水入河口位点。Pielou 均匀度指数(J)变化范围在0.039~1.000,平均为0.503,以田坑水入河口位点最低,四联河位点最高。H′与J的最低值均出现在田坑水入河口位点。

3.4.4 鱼类

1. 种类组成

通过采样刺网、地笼渔获物,并对沿河钩钓等各种渔获情况进行调查,共采集鱼类 170 尾,检出鱼类种类 7 科 8 种,分别隶属于鲤形目、鲈形目、鲇形目和鲶形目,其中鲤科最多,共检出 2 种,其余科均分别检出 1 种。

龙岗河流域的鱼类种类数较多,平均为 2 种,分布范围在 0~4 种。箱涵出水口上游,黄沙河入河口下游,龙岗河—低山村以及箱涵汇流口分别检出鱼类 4 种,为所有站位里最多。除了同乐河与田坑水入河口本次调查未捕获到鱼类外,其余各站位均捕获到 1~3 种鱼类。

2. 数量和生物量分布

龙岗河流域的鱼类栖息度相对较低,平均为 8.5 ind,分布范围在 0~35 ind,各站位之间分布极不均匀,最高值区主要出现在龙岗河—低山村,数量高达 35 ind,该站主要种类为罗非鱼;龙岗河流域栖息度最低值出现在同乐河与田坑水入河口,两个站位未捕获到鱼类;其余站位中黄沙河入河口下游,龙岗河—龙西河以及蒲芦围等 3 个站位鱼类栖息度较高。

龙岗河流域的鱼类栖息密度相对较低,平均为 211.1 g,分布范围在 0~1812.2 g,各站位之间分布极不均匀,最高值区主要出现在箱涵出水口上游,数量高达 1812.2 g,主要因为该站捕获塘鲺 1 条重达 738 g;龙岗河流域生物量最低值出现在同乐河与田坑水入河口,两个站位未捕获到鱼类;其余站位中黄沙河入河口下游,龙岗河—龙西河以及箱涵汇流口等 3 个站位鱼类生物量较高。

3. 优势种及多样性水平

按照优势度 $Y \geqslant 0.02$ 来确定本次调查的鱼类优势种类,得出罗非鱼为龙岗河流域的绝对优势种。罗非鱼 Oreochromis mossambicus 是世界水产业的重点科研培养的淡水养殖鱼类,且被誉为未来动物性蛋白质的主要来源之一。通常生活于淡水中,也能生活于不同盐分含量的咸水中,也可以存活于湖,河,池塘的浅水中。它有很强的适应能力,在面积狭小之水域中亦能繁殖,甚至在水稻田里能够生长,且对溶氧较少之水有极强之适应性。绝大部分罗非鱼是杂食性,常吃水中植物和碎物。

龙岗河流域鱼类 Shannon-Wiener 多样性指数(H′)普遍较低,大部分站位的指数介于 0~1.61 之间,平均值为 0.45;最高值为 1.6,出现于箱涵出水口上游;调查流域中很多站位因为只捕获到 1 种鱼类因此多样性指数为 0。具有多样性指数的站位的 Pielou 均匀度指数(J)变化范围在 0.4~0.92,平均值为 0.65,以田脚水最高,其数值为 0.92,同样调查流域中很多站位因为只捕获到 1 种鱼类因此均匀度指数无法计算。总的来说,龙岗河流域 Shannon-Wiener 多样性指数和 Pielou 均匀度指数均较低,说明该流域鱼类的生态环境质量状况很差。

3.5 流域污染负荷现状及预测

3.5.1 污染源

1. 工业污染源

(1) 空间分布

根据 2015 年污染源调查结果,龙岗河流域共有工业污染源 1 015 家。其中市管重点源 6 家,占流域的 0.6%;区管重点源 186 家,占 18.8%;区管非重点源 824 家,占 80.6%。

市管重点源 6 家,其中龙岗区 1 家,坪山新区 5 家。区管重点源 186 家,其中龙岗区 160 家,坪山新区 26 家。区管非重点源 823 家,其中龙岗区 810 家,坪山新区 13 家。

从空间分布来看,龙岗河流域工业企业分布较为密集,主要集中在龙岗区的横岗街道、龙岗街道和坪地街道,占比达 83.8%;龙城街道和坪山新区的坑梓街道企业数量较少,占比为 16.2%。

表 3.20　龙岗河流域各街道工业源统计表

行政区	街道办	市管(家)	区管工业源		总数(家)
			重点(家)	非重点(家)	
龙岗区	横岗	0	45	290	335
	龙城	0	27	93	120
	龙岗	1	36	211	248
	坪地	0	52	216	268
	小计	1	160	810	971
坪山新区	坑梓	5	26	13	44
合　计		6	186	823	1 015

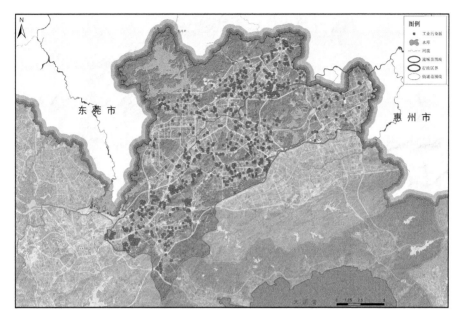

图 3.9　龙岗河流域工业污染源分布图

（2）污染物排放量

根据 2015 年污染源调查结果,龙岗河流域纳入统计的 192 家重点污染企业当年的工业总产值为 251.29 亿元,其工业废水排放量为 1 501.90 万吨/年,化学需氧量排放量为 1 199.42 吨/年,氨氮排放量为 117.23 吨/年,总磷排放 15.02 吨/年。

通过对各街道的工业总产值与污染排放分析可知,工业废水排放量由大到小依次为横岗街道、坪地街道、龙岗街道、坑梓街道和龙城街道;化学需氧量、氨氮和总磷排放量最大的均为横岗街道,化学需氧量、氨氮和总磷排放量最小的均为龙城街道。

表 3.21　龙岗河流域重点污染源污染排放统计表

街道名称	工业总产值 （亿元/年）	工业废水排放量（万吨/年）	化学需氧量排放量（吨/年）	氨氮排放量（吨/年）	总磷排放量（吨/年）
横岗	87.12	548.33	502.28	55.48	5.48
龙城	14.41	106.53	80.46	6.73	1.07
龙岗	79.20	347.53	227.19	17.36	3.48

续　表

街道名称	工业总产值 （亿元/年）	工业废水排 放量（万吨/年）	化学需氧量排放量 （吨/年）	氨氮排放量 （吨/年）	总磷排放量 （吨/年）
坪地	34.93	285.51	218.63	20.85	2.86
坑梓	35.63	214.00	170.86	16.81	2.14
合计	251.29	1 501.90	1 199.42	117.23	15.02

注：根据《深圳市龙岗河、坪山河流域水环境综合整治达标方案》工业企业排放废水的总磷平均浓度约为1毫克/升,本研究按该值核算总磷排放量。

根据国民经济行业分类(GB/T 4754—2011)统计,龙岗河流域工业企业数量最多的为金属表面处理及热处理加工(共计63家),其次是其他未列明制造业(共16家)和印制电路板制造(共15家)。产值最大的为通信终端设备制造,2015年产值36.5亿元;工业废水排放量、化学需氧量和总磷排放量最大的均其他未列明制造业,废水排放量285.57万吨,化学需氧量排放量219.98吨,总磷排放量15.03吨;氨氮排放量最大的为牲畜屠宰,2015年排放量23.3吨。

表 3.22　龙岗河流域重点污染源行业分类排放统计表

行业 代码	国民经济行业 分类(GB/T 4754—2011)	数 量	产值 （亿元/年）	工业废水 排放量 （万吨/年）	化学需氧量 排放量 （吨/年）	氨氮 排放量 （吨/年）	总磷 排放量 （吨/年）
4190	其他未列明制造业	16	31.91	285.57	219.98	20.85	2.86
3360	金属表面处理及热处理加工	63	12.99	189.67	129.84	9.92	1.90
3922	通信终端设备制造	1	36.50	127.85	110.00	9.00	1.28
3972	印制电路板制造	15	12.93	119.09	93.12	8.09	1.19
1810	机织服装制造	6	5.55	100.08	101.20	9.61	1.00
2614	有机化学原料制造	2	0.22	92.51	65.82	6.15	0.93
3921	通信系统设备制造	1	0.20	85.46	67.51	7.03	0.85
1351	牲畜屠宰	1	16.96	83.22	166.44	23.30	0.83
3971	电子元件及组件制造	4	9.02	55.54	22.08	1.63	0.56
1752	化纤织物染整精加工	1	2.10	43.54	20.00	1.54	0.44
2641	涂料制造	4	14.99	40.84	29.30	2.73	0.41
3963	集成电路制造	2	7.97	36.46	12.69	1.44	0.36
1820	针织或钩针编织服装制造	1	0.33	33.03	26.09	2.42	0.33

行业代码	国民经济行业分类（GB/T 4754—2011）	数量	产值（亿元/年）	工业废水排放量（万吨/年）	化学需氧量排放量（吨/年）	氨氮排放量（吨/年）	总磷排放量（吨/年）
1529	茶饮料及其他饮料制造	1	1.67	21.20	16.75	0.61	0.21
1521	碳酸饮料制造	1	9.29	20.37	6.11	0.02	0.20
3990	其他电子设备制造	3	1.40	17.64	13.94	1.41	0.18
3311	金属结构制造	6	7.75	14.52	6.03	0.33	0.15
2411	文具制造	1	1.54	13.47	11.17	3.40	0.13
2319	包装装潢及其他印刷	6	7.19	10.92	8.39	0.89	0.11
1932	毛皮服装加工	1	0.70	9.74	7.69	0.65	0.10
4042	眼镜制造	3	4.76	7.83	3.43	0.34	0.08
3952	音响设备制造	1	0.87	7.46	6.18	1.70	0.07
2130	金属家具制造	1	1.18	7.27	5.75	0.25	0.07
3589	其他医疗设备及器械制造	1	1.60	7.11	5.62	0.09	0.07
1939	其他毛皮制品加工	2	0.25	6.53	5.16	0.23	0.07
3389	其他金属制日用品制造	3	8.57	6.15	4.14	0.09	0.06
1722	毛织造加工	1	0.50	5.62	4.44	0.41	0.06
3969	光电子器件及其他电子器件制造	2	20.46	4.99	0.86	0.05	0.05
1353	肉制品及副产品加工	1	1.18	4.38	0.74	0.83	0.04
1762	针织或钩针编织物印染精加工	1	0.01	4.31	3.40	0.22	0.04
3429	其他金属加工机械制造	1	0.14	3.66	2.89	0.31	0.04
1522	瓶（罐）装饮用水制造	1	3.45	3.63	1.46	0.02	0.04
3399	其他未列明金属制品制造	3	2.44	3.61	2.71	0.09	0.04
4090	其他仪器仪表制造业	1	0.24	3.44	2.52	0.11	0.03
2760	生物药品制造	1	12.09	3.03	2.39	0.06	0.03
3381	金属制厨房用器具制造	3	0.59	2.93	1.36	0.15	0.03
2312	本册印制	1	0.38	2.48	1.96	0.18	0.02
1392	豆制品制造	1	0.01	2.34	1.85	0.13	0.02
4190	其他调味品、发酵制品制造	1	0.03	2.14	1.60	0.33	0.02

续　表

行业代码	国民经济行业分类（GB/T 4754—2011）	数量	产值（亿元/年）	工业废水排放量（万吨/年）	化学需氧量排放量（吨/年）	氨氮排放量（吨/年）	总磷排放量（吨/年）
2311	书、报刊印刷	1	2.64	1.80	0.50	0.02	0.02
4111	鬃毛加工、制刷及清扫工具制造	1	0.03	1.62	1.28	0.15	0.02
1469	金属丝绳及其制品制造	1	0.18	1.04	0.82	0.02	0.01
3360	工业电镀	1	0.12	1.03	0.36	0.02	0.01
1830	服饰制造	1	0.03	1.00	0.47	0.02	0.01
1751	化纤织造加工	2	1.49	0.88	0.58	0.04	0.01
3473	照相机及器材制造	1	1.10	0.87	0.67	0.08	0.01
3761	脚踏自行车及残疾人座车制造	1	1.27	0.80	0.63	0.02	0.01
3562	电子工业专用设备制造	2	0.18	0.74	0.50	0.05	0.01
2929	其他塑料制品制造	1	1.96	0.66	0.25	0.01	0.01
2710	化学药品原料药制造	1	0.01	0.57	0.37	0.01	0.00
2927	日用塑料制品制造	1	0.12	0.43	0.22	0.00	0.00
1499	其他未列明食品制造	1	0.02	0.23	0.05	0.03	0.00
3381	汽车零部件及配件制造	1	0.30	0.23	0.04	0.04	0.00
1742	绢纺和丝织加工	1	0.01	0.14	0.02	0.00	0.00
3360	其他合成材料制造	1	0.06	0.13	0.02	0.00	0.00
1711	棉纺纱加工	2	0.01	0.05	0.01	0.01	0.00
2662	专项化学用品制造	1	0.05	0.04	0.01	0.00	0.00
1761	针织或钩针编织物织造	1	0.01	0.01	0.01	0.00	0.00
3841	锂离子电池制造	1	0.30	0.00	0.00	0.00	0.00
2924	泡沫塑料制造	1	0.27	0.00	0.00	0.00	0.00
2439	其他工艺美术品制造	1	0.41	0.00	0.00	0.00	0.00
2641	印制电路板	1	0.12	0.00	0.00	0.00	0.00
2642	油墨及类似产品制造	1	0.64	0.00	0.00	0.00	0.00
	总　计	192	251.28	1 501.89	1 199.43	117.22	15.03

　　工业废水排放量最大的前三家单位分别为比亚迪精密制造有限公司、伯恩光学（深圳）有限公司第六分厂和深圳市经纬达拉链有限公司，废水排

放量占流域重点工业源废水排放量的 20.94%。前十位的企业工业废水排放量之和为 783.39 万吨,占全流域重点工业源企业废水排放总量的 52.16%。

表 3.23 龙岗河流域重点污染源行业工业废水排放量前十名

公 司 名 称	工业废水排放量(万吨/年)	所占比例/%
比亚迪精密制造有限公司	127.85	8.51
伯恩光学(深圳)有限公司第六分厂	94.68	6.30
深圳市经纬达拉链有限公司	92.03	6.13
伯恩光学(深圳)有限公司第五分厂	85.46	5.69
华润五丰食品(深圳)有限公司龙岗分公司	83.22	5.54
信义汽车玻璃(深圳)有限公司	81.44	5.42
深南电路股份有限公司	70.00	4.66
川亿电脑(深圳)有限公司	66.35	4.42
皇亿纺织(深圳)有限公司	43.54	2.90
深圳深爱半导体股份有限公司	38.82	2.58
合 计	783.39	52.16

化学需氧量排放量最大的前三家单位为华润五丰食品(深圳)有限公司龙岗分公司、比亚迪精密制造有限公司、伯恩光学(深圳)有限公司第六分厂,化学需氧量排放量占流域重点工业源废水排放量的 29.29%。前十位企业化学需氧量排放量之和为 727.84 吨,占全流域重点工业源企业化学需氧量排放总量的 60.68%。

表 3.24 龙岗河流域重点污染源行业化学需氧量排放量前十名

公 司 名 称	化学需氧量排放量(吨/年)	所占比例/%
华润五丰食品(深圳)有限公司龙岗分公司	166.44	13.88
比亚迪精密制造有限公司	110.00	9.17
伯恩光学(深圳)有限公司第六分厂	74.80	6.24
深南电路股份有限公司	74.80	6.24
伯恩光学(深圳)有限公司第五分厂	67.51	5.63

公　司　名　称	化学需氧量排放量(吨/年)	所占比例/%
深圳市经纬达拉链有限公司	65.44	5.46
信义汽车玻璃(深圳)有限公司	64.34	5.36
川亿电脑(深圳)有限公司	52.42	4.37
深圳市舒友服饰有限公司	26.09	2.18
震雄机械(深圳)有限公司	26.00	2.17
合　计	727.84	60.68

　　氨氮排放量最大的前三家单位为华润五丰食品(深圳)有限公司龙岗分公司、比亚迪精密制造有限公司和深南电路股份有限公司,氨氮排放量占流域重点工业源废水排放量的34.36%。前十位企业氨氮排放量之和为78.99吨,占全流域重点工业源企业氨氮排放总量的67.38%。

表 3.25　龙岗河流域重点污染源行业氨氮排放量前十名

公　司　名　称	氨氮排放量(吨/年)	所占比例/%
华润五丰食品(深圳)有限公司龙岗分公司	23.30	19.88
比亚迪精密制造有限公司	9.00	7.68
深南电路股份有限公司	7.97	6.80
伯恩光学(深圳)有限公司第六分厂	7.85	6.70
伯恩光学(深圳)有限公司第五分厂	7.03	6.00
信义汽车玻璃(深圳)有限公司	6.60	5.63
深圳市经纬达拉链有限公司	6.14	5.24
川亿电脑(深圳)有限公司	5.27	4.50
深圳齐心文具股份有限公司	3.40	2.90
深圳市和美科技有限公司	2.43	2.07
合　计	78.99	67.38

　　根据各企业排水方式分析工业废水排放量分配情况,龙城街道工业废水入污水处理厂比例较低,仅为25.28%;其余街道均高于55%,其中坑梓街道全部进入城市污水处理厂,龙岗街道90.71%进入污水处理厂,横岗

街道72.59%进入污水处理厂。坪地街道工业比较密集,工业废水排放量也较多,但工业废水入污水处理厂占比仍不算高,若工业废水处理未达标排放,进入河道将对下游水质造成影响。此外,横岗街道、坑梓街道工业废水进污水处理厂占比较高,若工业废水处理未达标排放,将对污水处理厂造成压力,同样会影响龙岗河水质。各街道主要污染物排放去向见下表。

表3.26　龙岗河流域重点污染源污水排放去向统计表

街道名称	排水方式	工业废水排放量(万吨)	所占比例/%
横岗街道	进入城市污水处理厂	398.01	72.59
	进入城市下水道(再入江河、湖、库)	125.10	22.81
	直接进入江河湖、库等水环境	25.21	4.60
龙城街道	进入城市污水处理厂	26.94	25.28
	进入城市下水道(再入江河、湖、库)	79.60	74.72
龙岗街道	进入城市污水处理厂	315.25	90.71
	进入城市下水道(再入江河、湖、库)	21.50	6.19
	直接进入江河湖、库等水环境	10.78	3.10
坪地街道	进入城市污水处理厂	168.15	58.93
	进入城市下水道(再入江河、湖、库)	0.23	0.08
	直接进入江河湖、库等水环境	116.97	40.99
坑梓街道	进入城市污水处理厂	213.99	100.00

2. 生活污染源

根据《2015年度深圳市水资源公报》,核算龙岗河流域生活用水量和生活污水排放量。根据第一次全国污染源普查城镇生活源产排污系数手册,深圳市化学需氧量、氨氮、总磷产生系数为79克/(人·天)、9.7克/(人·天)、1.16克/(人·天),按照各街道的人口数量核算其生活污染排放量,结果如表3.27所示。

由表3.27可知,龙岗河流域各街道办2015年生活用水量共计20 993.98万吨,生活污水排放量共计16 795.18万吨,化学需氧量排放量为33 935.91吨,氨氮排放量为4 166.81吨,总磷排放量为498.30吨。

表 3.27　2015 年龙岗河流域各街道办生活污染排放情况表

行政区	街道办	生活用水量/(万吨)	生活污水排放量/(万吨)	污染物排放量/(吨)		
				化学需氧量	氨氮	总磷
龙岗区	横岗	5 697.58	4 558.06	9 209.90	1 130.84	135.23
	龙城	5 503.14	4 402.51	8 895.60	1 092.24	130.62
	龙岗	4 124.23	3 299.39	6 666.65	818.56	97.89
	坪地	1 744.59	1 395.67	2 820.06	346.26	41.41
	小计	17 069.54	13 655.63	27 592.21	3 387.90	405.15
坪山新区	坑梓	3 924.44	3 139.55	6 343.70	778.91	93.15
合　计		20 993.98	16 795.18	33 935.91	4 166.81	498.30

3. 雨水径流污染

面污染源主要受降雨径流条件和地表污染物积聚数量的影响。前者取决于降水量、降雨强度、地表透水性,后者取决于土地使用功能、土地利用类型等人类活动强度和方式。面源污染量通常采用经验公式估算:

$$W = \Sigma A_i \cdot B_i$$

式中,W 为面源输出总量,吨/年;A_i 为第 i 种土地利用类型的面积,平方公里;B_i 为第 i 种土地利用类型污染物输出速率,吨/(平方公里·年)。

根据《龙岗区水环境改善策略研究报告》和《珠江广东流域水污染综合防治研究》等研究报告,并在研究大量文献资料,如《面源污染模型研究进展》《小流域面源污染监测技术体系的构建》和《面源污染对河流水质影响的分析与估算》等后给出了不同土地利用类型情况下,地表径流的污染物浓度和面积输出速率的变化范围,各类地表类型输出污染物的速率参数见表3.28。

表 3.28　不同土地利用类型污染物面积输出速率

[单位:吨(平方公里·年)]

土地利用类型	化学需氧量	氨　氮	总　磷
农业为主区	20	3	0.2
林业为主区	—	3	0.15
城市生活区	120	6.5	2.5

根据不同土地利用类型污染物面积输出速率,计算龙岗河流域面源污染源污染物产生量,结果见表 3.29。结果显示,龙岗河流域主要面源污染物化学需氧量、氨氮和总磷产生量分别为 17 895.84 吨/年、1 335.47 吨/年和 368.04 吨/年。

表 3.29 龙岗河流域面源污染物产生情况 （单位: 吨/年)

街道办	土地利用	化学需氧量	氨 氮	总 磷
横 岗	城市建成区	3 697.26	200.27	77.03
	林业为主区	—	80.47	4.02
	农业为主区	119.37	17.91	1.19
	小 计	3 816.63	298.65	82.24
龙城、龙岗	城市建成区	8 730.98	472.93	181.90
	林业为主区	—	119.06	5.95
	农业为主区	369.05	55.36	3.69
	小 计	9 100.03	647.35	191.54
坪 地	城市建成区	2 144.40	116.16	34.68
	林业为主区	—	61.83	3.09
	农业为主区	209.20	31.38	2.09
	小 计	2 353.60	209.37	39.86
坑 梓	城市建成区	2 484.86	134.60	51.77
	林业为主区	—	24.39	1.22
	农业为主区	140.72	21.11	1.41
	小 计	2 625.58	180.10	54.40
合 计		17 895.84	1 335.47	368.04

4. 污染源汇总

排水量：龙岗河流域 2015 年总排水量为 19 321.15 万吨,其中生活排水量为 16 795.18 万吨,工业排水量为 1 501.9 万吨,其他排水量为 1 024.07 万吨(表 3.30)。

表 3.30 2015 年龙岗河流域排水量汇总表 （单位: 万吨)

行政区	街道办	总排水量	生活排水量	工业排水量	其他排水量
龙岗区	横岗	5 384.31	4 558.06	548.33	277.92
	龙城	4 777.48	4 402.51	106.53	268.44
	龙岗	3 848.1	3 299.39	347.53	201.18

行政区	街道办	总排水量	生活排水量	工业排水量	其他排水量
	坪地	1 766.28	1 395.67	285.51	85.1
	小计	15 776.17	13 655.63	12 87.9	832.64
坪山新区	坑梓	3 544.98	3 139.55	214	191.43
合　计		19 321.15	16 795.18	1501.9	1 024.07

　　污染负荷量：按生活污染、工业污染及雨水径流污染三种类型进行统计,2015 年龙岗河流域化学需氧量、氨氮和总磷负荷量分别为 53 031.17 吨、5 619.51 吨和 881.36 吨(表 3.31)。

表 3.31　2015 年龙岗河流域污染源汇总表

污染源类型	化学需氧量		氨　氮		总　磷	
	负荷量/ (吨)	占比/%	负荷量/ (吨)	占比/%	负荷量/ (吨)	占比/%
生活污染	33 935.91	63.99	4 166.81	74.15	498.30	56.54
工业污染	1 199.42	2.26	117.23	2.09	15.02	1.70
雨水径流污染	17 895.84	33.75	1 335.47	23.76	368.04	41.76
合　计	53 031.17	100.00	5 619.51	100.00	881.36	100.00

　　分析不同类型污染源的污染负荷占比可知,生活污染负荷最大,其化学需氧量、氨氮和总磷排放负荷分别占 63.99%、74.15% 和 56.54%;其次是雨水径流污染,其化学需氧量、氨氮和总磷排放负荷分别占 33.75%、23.76% 和 41.76%;工业污染负荷相对较少,其化学需氧量、氨氮和总磷排放负荷分别仅占 2.26%、2.09% 和 1.70%。

3.5.2　污染负荷预测

　　1. 排水量

　　根据目标年和基准年用水量对比,预测 2018 年和 2025 年排水量。2018 年龙岗河流域排水量为 22 552.86 万吨,其中生活排水量为 18 352.55 万吨,工业排水量为 2 045.62 万吨,其他排水量为 2 154.67 万吨

（表 3.32）。

表 3.32　龙岗河流域 2018 年排水量预测值　（单位：万吨）

行政区	街道办	总排水量	生活排水量	工业排水量	其他排水量
龙岗区	横岗	6 014.18	4 980.72	625.46	408.00
	龙城	5 790.53	4 810.74	254.97	724.81
	龙岗	4 429.50	3 605.33	378.82	445.35
	坪地	2 106.71	1 525.09	497.03	84.59
	小计	18 340.92	14 921.88	1 756.28	1 662.75
坪山新区	坑梓	4 211.94	3 430.67	289.34	491.92
总　计		22 552.86	18 352.55	2 045.62	2 154.67

2025 年龙岗河流域排水量为 30 694.28 万吨，其中生活排水量为 22 571.34 万吨，工业排水量为 3 649.52 万吨，其他排水量为 4 473.45 万吨（表 3.33）。

表 3.33　2025 年龙岗河流域排水量预测值　（单位：万吨）

行政区	街道办	总排水量	生活排水量	工业排水量	其他排水量
龙岗区	横岗	8 088.59	6 125.66	1 115.86	847.08
	龙城	7 876.32	5 916.61	454.89	1 504.82
	龙岗	6 034.56	4 434.10	675.84	924.62
	坪地	2 938.01	1 875.67	886.73	175.62
	小计	24 937.48	18 352.04	3 133.32	3 452.14
坪山新区	坑梓	5 756.80	4 219.30	516.20	1 021.31
总　计		30 694.28	22 571.34	3 649.52	4 473.45

2. 污染负荷

根据目标年和基准年用水量和排水量对比预测 2018 年和 2025 年化学需氧量、氨氮和总磷排放量。2018 年龙岗河流域化学需氧量、氨氮和总磷负荷分别为 38 795.02 吨、4 720.55 吨和 562.95 吨（表 3.34）。2025 年龙岗河流域化学需氧量、氨氮和总磷负荷分别为 48 661.91 吨、5 898.42 吨和 707.93 吨（表 3.35）。

表 3.34　2018 年龙岗河流域污染负荷预测值　　（单位：吨）

污染源类型	化学需氧量排放量	氨氮排放量	总磷排放量
工业污染	1 712.33	167.36	21.44
生活污染	37 082.69	4 553.19	544.51
合　计	38 795.02	4 720.55	565.95

表 3.35　2025 年龙岗河流域污染负荷预测值　　（单位：吨）

污染源类型	化学需氧量排放量	氨氮排放量	总磷排放量
工业污染	3 054.88	298.58	38.26
生活污染	45 607.03	5 599.84	669.67
合　计	48 661.91	5 898.42	707.93

3.6　水环境问题与症结

3.6.1　流域开发强度较大，结构型污染较突出

龙岗河流域建设用地面积达 121.20 平方公里，约占流域总面积的40.2%，城市开发强度较大。龙岗区作为深圳东部的中心，是深圳市重要经济增长极，已成长为全市电子信息、生物技术、新材料等先进工业生产基地，地域经济迅速崛起、城市建设用地快速扩张，自然下垫面面积锐减。流域内电镀、线路板等重污染、劳动密集型企业众多，常住人口已达到 118 万人，废水排放量较大，污水日排放量高达 50 万吨，流域总体污径比较高，水环境受纳能力不胜重负。

3.6.2　入河排污口众多，支流普遍污染严重

龙岗河流域污水支管网建设严重滞后，管网缺失严重，河道仍存在较多排污口。根据 2015 年的调查结果，流域内共有 570 个排污口，其中干流 68个（位于梧桐山河及深惠插花地），一级支流 250 个，二三级支流 252 个。干流污水直排量为 18.33 万吨/日，一级支流为 8.95 万吨/日，二、三、四级支流为 21.45 万吨/日。

根据 2015 年的监测结果,流域内监测的 9 条支流水质均劣于 V 类,为重度污染河流。根据《深圳市治水提质指挥部关于加快全市黑臭水体治理的通知》,龙岗河流域黑臭河流有 19 条,其中 10 条重度黑臭,9 条轻度黑臭;建成区黑臭河流有 4 条,分别是四联河、大康河、南约河、田坑水,其中四联河、大康河属于重度黑臭,南约河、田坑水属于轻度黑臭。

3.6.3　基础设施建设滞后,治污效益难以发挥

龙岗河流域污水干管建设基本建成,但配套污水支管网及接驳建设滞后,大部分污水处理厂均存在污水收集管网不完善、处理量或处理浓度偏低、减排效果不明显的情况。

1. 污水管网

污水管网覆盖率低,缺口大。龙岗河流域污水管网建设历史欠账较多,截至目前共完成污水管网约 834.44 公里,污水管网缺口仍较大。

雨污分流不彻底,乱接混接严重。目前龙岗区除中心城、宝龙工业城、大工业区基本实现了分流制以外,其余各街道办、旧村、旧城基本上是合流制,已建排水管网中,横岗街道办仍约有 20% 合流管,坑梓街道办约有 31% 合流管,坪山街道办约有 17% 合流管。政府投资新建的道路基本上都按分流制铺设了分流管道,但由于污水系统不完善,仍存在将污水接入雨水系统后进入河道的现象。

2. 污水处理厂

流域范围内污水处理厂管网水占比普遍偏低,污水处理厂进水浓度偏低。由于流域内污水支管网建设尚不够完善,流域内大部分污水处理厂存在抽取河水/箱涵水进行处理的现象。据调查,横岗污水处理厂一期、二期处理水量分别有 95%、60% 为箱涵进水,横岭污水处理厂一期、二期除龙城街道办部分片区以外,全部通过截污箱涵进水,龙田污水处理厂处理水量的 60% 为河道进水,沙田污水处理厂处理水量的 90% 为河道进水。

污水处理厂相对规模不足,且部分污水处理厂运行负荷偏低。流域范围内采取大截排的模式,大量河水进入污水处理厂处理,使得流域范围内的横岗一期、横岗二期、横岭一期、横岭二期均满负荷,甚至超负荷运行。但龙田污水处理厂、沙田污水处理厂运行负荷仍偏低,2015 年龙田污水处理厂设

计规模为 8 万吨/日,2015 年实际处理量为 5.77 万吨/日,污水处理厂水量负荷率为 72.13%;沙田污水处理厂设计规模为 3 万吨/日,2015 年实际处理量为 2.02 万吨/日,污水处理厂水量负荷率为 67.33%。

横岭污水处理厂一期设计出水标准偏低。横岭污水处理厂一期设计出水标准为一级 B,规模为 20 万吨/日,流域污水处理厂一级 B 标准出水占比达 22%。

污水处理厂进水存在较多问题,影响处理效果。例如,横岭污水处理厂一期污染物浓度异常升高、进水泥沙量大等;横岗污水处理厂一期曾在暴雨时受箱涵泥沙和管网垃圾影响而停产;沙田、龙田污水处理厂曾受进水重金属超标影响等。

3.6.4 截污箱涵溢流严重,面源污染突出

龙岗河沿河已经设置截污箱涵,龙岗河主要支流梧桐山河、大康河、爱联河、龙西河、南约河、丁山河、黄沙河等均总口截污进入箱涵。现阶段流域污水处理能力有限,大量的污水和河水已超过污水处理厂负荷,导致旱季也有一定的箱涵水溢流进入龙岗河,直接影响干流水质。

流域内大截排的治理模式导致雨季污染尤为突出。雨季时,合流的雨污水量较大,初期雨水处理设施不完善,同时,下游污水处理厂雨季处理能力不足,导致箱涵输送的大量混流污水溢流进入河道,造成河流水质下降。此外,箱涵容易淤积污染物,且清理困难,雨季时,由于水量大且冲刷能力强,管道和箱涵中淤积的大量污染物被冲刷进入河道。

3.6.5 跨境污染问题突出,加大了河流治理难度

黄沙河、丁山河上游位于惠州市境内,深圳市和惠州市交界处断面水质较差,氨氮、总磷超标较为严重,对深圳市境内的水质造成了较大影响。龙岗河干流吓陂至西湖村段有 8.7 公里位于惠州市境内,而惠州市境内除了马蹄沥、张河沥跨界小支流以外,仍有多条受污染河涌排入干流,影响交接断面水质,这也增大了下游西湖村断面达标难度。

第4章 国内外水环境整治经验

4.1 河流水环境综合整治经验

4.1.1 美国河流整治

美国政府早在 19 世纪晚期,因河流航道在城市发展之初的重要功能,率先制定了旨在控制航运河道污染的《河川港湾法》(*Rivers and Habors Act*),揭开了河流污染控制的序幕,为有效开展河流整治奠定了基础。

20 世纪后,由于缺乏对河流整治必要的重视,致使河流污染的趋势加剧。1948 年,美国颁布了著名的《水污染控制法》,标志着河流水污染控制工作在美国的全面开展。20 世纪 50~60 年代河流水质急剧恶化,催生了 EPA 的成立以及《清洁水保护法》的诞生,河流点源污染得到了有效的控制,并且开始把修复水体的物理、化学和生物完整性作为河流整治及整治成效评价的重要目标。

20 世纪 80 年代以来,美国城市河流的整治进入了一个全面快速发展的黄金时期。联邦政府明确提出,在检验河流整治成效时,不单独强调化学指标,更重要的是关注生态指标、生物多样性和栖息地质量等。该治河理念的转变具有里程碑式的意义,对美国的河流整治具有导向性意义。

21 世纪,美国开始把城市河流的整治及其成效纳入到公众舒适性的一部分,更加强调人与河流的自然和谐,在开展河流整治时注重公众参与。此外,美国把河流的“流域管理”理念作为今后整治的重要方向,该理念强调了“经济、生态、文化可持续性相融合”的新管理模式,代表了美国未来城市河

图 4.1　美国洛杉矶市洛杉矶河

流整治的新思路(图 4.1)。

　　美国城市河流整治的经验包括：① 河流整治的立法工程充分,立法的步伐随着实践的深入而深入,法规的操作性强,很大程度上满足了城市河流整治的需要,为其提供了强有力的法律和制度保障;② 河流的整治成效得以提高,整治的最终目的落实到河流整体生态功能的恢复,整治规划决策中将污染因子扩大到大量的生态因子;③ 适时地将城市河流与航运、景观、公众舒适性等不同要素联系起来,强调政府部门、非政府组织、民间团体、企业和公众的协商合作。

4.1.2　英国泰晤士河整治

　　英国泰晤士河全长 402 公里,流域面积 13 000 平方公里。产业革命后,人口集中,大量的城市生活污水和工业废水未经处理直接排入河内,加之沿岸又堆积了大量垃圾污物,使该河成为伦敦的一条排污明沟。夏季臭气熏天,致使沿河的国外大厦、伦敦钟楼等不得不紧闭门窗。另外该河还受潮汐的影响,在潮汐上涨期间迫使污水产生急剧的倒灌而造成污水满街流的情形。

　　从 19 世纪中期开始,英国政府和伦敦市政当局对泰晤士河的污染治理基本可以分为三大阶段。1852~1891 年是泰晤士河污染治理的第一次阶段,修建了两大排污下水道系统,基本确定了河流污染治理的规划。1955~1975 年进行了第二次治理,这是对泰晤士河进行全流域治理时期,隔离排污和集中处理污水的效果明显,基本修复了泰晤士河的生态系统。1975 年至今是泰晤士河治理的巩固阶段(图 4.2)。

图 4.2　英国伦敦泰晤士河

　　泰晤士河的治理成功,关键并不是采用了最先进的技术与工艺,而是开展了大胆的体制改革和科学管理,这被欧洲称为"水工业管理体制上的一次重大革命"。英国政府对河段实施了统一管理,把全河划分成 10 个区域,合并 200 多个管水单位而建成一个新水务管理局——泰晤士河水务管理局。该管理局按业务性质作了明确分工,严格执行。技术上运用传统的截流排污、生物氧化、曝气充氧及微生物活性污泥等常规措施。体制改革和科学管理从而给水务工作带来活力,其优越性主要表现为:① 集中统一管理,使水资源可按自然发展规律进行合理、有效的保护和开发利用,减少了水资源的浪费和破坏,提高了水的复用系数;② 改变了以往水管理上各环节之间相互牵制和重复劳动的局面,建成了相互协作的统一整体;③ 建立了完整的水工体系,从水厂到废水处理以至养鱼、灌溉、防洪、水域生态保护等综合利用,均得到合理配合,充分调动各部门的积极性。

　　泰晤士河 1955~1980 年总污染负荷减少了 90%,枯水季节 DO 最低点依然保持在饱和状态的 40% 左右,上世纪 80 年代河流水质已恢复到 17 世纪的原貌,已有 100 多种鱼和 350 多种无脊椎动物重新回到这里繁衍生息。

4.1.3 欧盟莱茵河整治

莱茵河发源于瑞士境内阿尔卑斯山区圣哥达山脉,向西北流经法国、德国、荷兰等 9 国,全长 1 320 多公里,其中通航里程 833 公里,是欧洲最繁忙、最重要的河流之一。20 世纪 50~60 年代莱茵河水质开始遭受污染,背负了"欧洲下水道"等恶名。

为了改善莱茵河的水质,使莱茵河重现生机,莱茵河流域国家做了一系列努力。1950 年,荷兰、德国、法国、瑞士和卢森堡在巴塞尔成立了"保护莱茵河国际委员会"(ICPR),总体指挥和协调莱茵河的治理工作。1987 年 9 月 30 日,ICPR 成员国部长级会议通过了莱茵河 2000 年行动计划,确定了 2000 年目标。1988 年北海发生灾难事件,大片藻类覆盖北海,泡沫堆积海滩;而近 1/3 的氮负荷来自莱茵河。ICPR 的部长们坚定地支持北海会议设定的目标,即保持北海生态稳定,要求莱茵河的保护目标需更加严格,以尽可能减少北海有害物质的来源。

2000 年行动计划从河流整体的生态系统出发来考虑莱茵河治理,把大马哈鱼回到莱茵河作为治理效果的标志,主要工作包括:① 整体恢复莱茵河生态系统,使水质恢复到原有物种如大马哈鱼、鳟鱼能够洄游的程度,故又称"SALMON 2000"计划,即以 2000 年大马哈鱼回到莱茵河作为治理效果的标志;② 莱茵河继续作为饮用水源地;③ 减少莱茵河淤泥污染,淤泥能够用于造地或填海;④ 全面控制和显著减少工业、农业(特别是水土流失带来的氮磷和农药污染)、交通、城市生活产生的污染物输入;⑤ 对工厂中危及水质的有害物质,应按要求进行处理,防止突发性污染;⑥ 改善莱茵河及其冲积区(alluvial area)内动植物栖息地的生态环境。

莱茵河 2000 年行动计划分 3 个阶段实施。第一阶段首先确定"优先治理的污染物质的清单",共 45 种,包括重金属汞、铅以及氮磷和其他有机物等,分析这些污染物的来源、排放量;在此基础上,ICPR 制定具体措施,要求工业生产和城市污水处理厂采用新技术,减少水体和悬浮物的污染。此外,

图 4.3　欧盟莱茵河整治

还采取强有力措施减少事故污染。第二阶段是一个决定性阶段,即要求所有预定措施必须在 1995 年以前实施,所有污染物质必须在 1995 年达到 50% 的削减率。1990 年北海会议要求对二氧(杂)芑(类)和重金属(如铅、镉、汞)到 1995 年至少削减 70%。第三阶段是强化阶段(1995~2000 年),即采取必要的补充措施全面实现莱茵河的治理目标(图 4.3)。

莱茵河整治的经验包括:① 成员间建立起较为系统合理的综合整治组织体系,各部门之间各司其职,整治与监督的范围广;② 在河流整治的实践中,不断提高污水处理和净化的水平,投入成本大,见效亦快,水质改善后,注重河流的生态恢复。

4.1.4　日本水环境整治

日本的水环境整治包括湖泊与河流整治,其尤为突出的是琵琶湖的治理。

琵琶湖位于日本京畿地区滋贺县中部,是日本第一大淡水湖,流域面积 8 240 平方公里,是滋贺县 1 400 万人的水源地,也是京都府、大阪府和兵库省水源的重要供给地。1930 年,琵琶湖清澈见底,能直接饮用。从 1950 年开始,随着战后经济快速增长,工业废水和大量未充分处理的生活污水无限制地排放到琵琶湖流域,水质不断恶化,富营养化程度加剧,生态受到严重破坏。1977 年琵琶湖发生大规模赤潮,此后 10 年间湖内藻类频繁暴发,直接影响居民的饮水安全。

为了改善琵琶湖的水质状况,日本政府采取了多项水质保护措施,包

图 4.4　日本琵琶湖

括通过绿化、截污、底泥疏浚、控制农业面源污染、促进生态修复、鼓励环保科研、进行广泛的环保科普教育以提高全民环保意识对琵琶湖水质进行保护(图 4.4)。

在河流整治方面,日本在 1990 年提出了"多自然型河川计划",它以保护、创造生物良好的生存环境和自然景观为建设宗旨,不仅满足于单纯的环境生态保护,而是在重建生物群落的同时,建设具有特定抗洪强度的河流水利工程。"多自然型河川计划"创造了许多先进的河流生态修复与重建的技术和方法(图 4.5)。

日本的水环境整治经验主要包括:① 在编制整治的规划中即认识到单控制水环境污染是不够的,将整治的范围积极向生态系统、流域、周边区域延伸,形成了环境功能、资源功能和生态功能三者共进的模式;② 整治的管理部门和城市市民对整治及其成效的期望值较高,参与整治的观念与意识较强,提出了许多有益的新要求;③"公众参与、以人为本、人水和谐"观念的深入发展,充分尊重流域内居民参与整治管理的权利,整治的根本落实到为广大城市市民创造良好的生存和居住环境。

图 4.5　日本多自然型河川计划

4.1.5　德国鲁尔河整治

德国鲁尔河流域面积 4 488 平方公里,年均降水量 1 040 毫米,河道总长约 217 公里。这里有世界著名的鲁尔工业区,工业集中,居民稠密,单位面积的用水量和污水排放量为德国平均值的 7 倍。水环境污染状况曾十分严重,影响到了社会和经济的可持续发展,从 20 世纪 80 年代初开始整治,经过十年左右的治理,取得显著效果。

鲁尔河流域水环境整治的特点是相对集中地建设污水处理厂,解决点源问题;相对分散地沿河流两岸建设初雨水处理设施,解决面源问题;采用生态治污措施进一步净化污水处理厂尾水,使之达到很高的水质标准。流域内建有污水处理厂 97 座,河流两岸雨水处理设施 397 座,沉淀湖 5 座。污水处理厂平均服务面积约 46 平方公里/座;雨水收集处理设施平均服务面积约 11.3 平方公里/座,平均服务河道长度约 0.55 公里/座。

城市污水经二级处理后再采用自然生态进行三级处理,使排入到河流的尾水达到很高的水质标准。初期雨水截流到雨水处理池处理后再排入河流。面源污染与点源污染控制采用不同的技术路线。通过这些措施,鲁尔河流域内各大下河流的水质在 8 年之内得到了非常大的改善(图 4.6、图 4.7)。

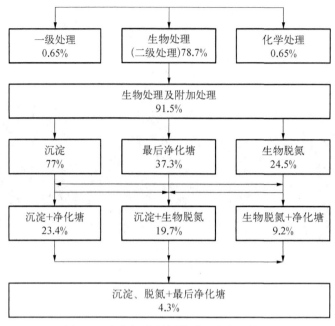

图 4.6　鲁尔河流域污染治理方案系统图

图 4.7　典型污水处理设施实景图

4.1.6　苏格兰丹佛姆林

（1）丹佛姆林简介

丹佛姆林镇位于苏格兰东部,拥有 5.6 万人口,是中世纪苏格兰王室所在地。近几个世纪,在经历了长期的煤矿开采后,逐步建设成为法夫郡（Fife）的主要城镇之一。丹佛姆林距离苏格兰首府经济中心——爱丁堡市约 30 公里,因此也是爱丁堡市的郊外住宅城镇。丹佛姆林镇的污水主要通过 Lyne 河排入 Forth 湾,镇东部区域的污水流经 Pinkerton 河,在 Forth 湾下游铁路和公路桥的交汇处排入 Forth 湾。

（2）丹佛姆林排水系统的问题

1）河流及排水管网的雨洪问题

丹佛姆林旧城区采用合流制排水系统,雨污水进入 Forth 河口北岸的处理系统,净化后排入 Forth 湾;新城区从 20 世纪 60 年代起采用分流制排水系统,暴雨径流直接排入临近河流。丹佛姆林的雨洪问题之一为合流制系统的溢流,一方面为大流量暴雨径流堵塞在合流制排水系统的老式管道中,并在检查井处溢流;另一方面为大量雨水流入,超过管道输水能力和污水处理厂处理容量时产生的排水系统污水溢流。丹佛姆林的另一雨洪问题是分流制系统的暴雨径流污染。一方面是雨污水管错接引起的污染,雨、污管道完全分离在实际中未能实现;另一方面是污水管道堵塞引起的雨水管道径流污染,从而影响下游收纳水体的水质。在英国城镇,大量检查井为雨水、污水管渠合用,由于当地居民碎屑、废料等的不合理丢弃行为,导致污水管道堵塞经常发生,当污水管被堵塞时,污水流入公用检查井之后漫过雨、污排水管道的隔离堰,流入雨水管直接排入河道、污染水体。

2）燃烧、交通相关的持久性污染及工业区地表径流污染的排放。此种污染主要来自城市径流携带的污染物,如油类、悬浮物、营养物等。Lyne 河被纳入苏格兰城市河流调查计划,该调查主要评估河流沉积物中的持久性污染(有毒金属和 PAHs)和油类。调查发现,因为 Lyne 河接纳了流经货车停车场的污染径流及其附近道路径流,污染相当严重,水质保护和生态恢复面临着重大的挑战。

（3）丹佛姆林排水系统解决方案

20 世纪 90 年代中期,在丹佛姆林东部,东边以 M90 高速公路为界,西边以城镇为界,划出约 5 平方公里的区域,建设丹佛姆林东区,规划了大型电子工厂、住宅社区、商业休闲区等地。在丹佛姆林东区建设初期,为避免现存落后的排水系统导致雨洪问题的产生,规划师考虑通过增加雨水管道将暴雨径流直接排入 Forth 湾,但工程耗资较高,且增加了 Lyne 河水体污染负荷。通过全面评估,决策者认为采用最佳管理方案(BMPs)是预防洪涝和控制暴雨径流污染的解决途径,在 BMP 应用到雨洪管理和改善自然环境过程中,雨水多功能调蓄利用系统也得以开发,既节省费用,也提升了人与自然和谐的环境效应。该地区也因此成为可持续性城市排水系统(SUDS)的国家级示范点,对统一技术标准,推行新开发区 SUDS 技术法制化起到了重要作用。

1)SUDS 设计要点

建成区域洪峰控制应按照小区为 5~10 年一遇洪水,区域以更大的暴雨重现期设计;区域必须实施水质控制措施,因地势太陡而无法建造处理设施的地区除外。

大型工厂的径流必须通过生物处理设施(储水池或湿地)净化;面积超过 0.5 公顷的商业区和小型工业区应设置滞留池对径流进行预处理。通过对丹佛姆林东区开发区附近的 Pitreavie 区域连续四年(1991~1994)的降雨监测,通过 STORM 水文模型将降雨数据转化为径流数据,并模拟不同尺寸的滞留设施和不同的径流系数条件下的径流特征。数据显示,需处理共 90% 的年降雨径流,其研究成果及公式具体应用于暴雨径流处理设施的设计计算。

2)SUDS 在丹佛姆林东区开发区的应用

应用于丹佛姆林的暴雨径流处理设施类型主要为:源头控制、延时储存系统、滞留系统、湿地、植草沟及渗滤系统。

源头控制:丹佛姆林东区开发区超市的停车场采用了渗透性铺装路面,而道路则采用传统的沥青路面,道路的部分径流通过路边石设置的狭槽或小缝流入路旁的砂砾过滤系统净化,之后通过植草沟储存或排放。

贮存池:按照住宅区的设计标准要求,在丹佛姆林东区开发区 Duloch 园区北部建造了贮存池,主要用来调节暴雨径流洪峰,并对后续进一步处理径流水质的区域性滞留系统起缓冲作用。

滞留塘:在丹佛姆林东区开发区的 Duloch 园区先后设置了 10 个滞留干塘,所有滞留塘的周围都种植芦苇带起安全屏障作用,同时增强了景观观赏性,并吸引了更多的野生生物生活和栖息。

暴雨径流湿地:大型暴雨径流湿地的构建成为丹佛姆林东区开发区 Duloch 园区的亮点,与一个现有的半自然森林区域共同构成乡村公园和自然保护区。湿地边的水生植物茂盛,景色清新自然,吸引了大量天鹅觅食,同时也吸引了众多游客前来休闲。

(4) SUDS 系统在丹佛姆林东区开发区的运行情况

在苏格兰环保局、苏格兰水务局及多所学校的合作下,对丹佛姆林东区开发区的 SUDS 系统效果进行了检测,其结果显示:

1) 传统停车场路面和铺设碎石停车场的径流效果比较结果表明,铺设碎石的停车场径流排放大大减少。

2) 丹佛姆林东区开发区滞留池的运行的水文、水质、沉淀性能、景观效果也被评价结果标明,其水力学效果达到了设计目标,出水达到排放标准,可安全排入 Lyne 河及其支流上游。

3) Heal 等人(2006)评估了 SUDS 系统颗粒物的沉降速率,发现 DEX 开发区的建设过程对沉淀速率影响很小,这主要归功于沿排水系统建造了系列 SUDS 处理链。

4) 在 1999~2003 年,研究者测定了滞留系统沉积物中的 Cd、Cr、Cu、Fe、Ni、Pb、Zn、N、P 及碳水化合物的浓度,通过与安大略湖水质和土壤标准比较,得出这些污染物不会影响水生生态环境。

5) 滞留系统能够稀释突发事件的污染物浓度,缓解对下游水质的影响,并且滞留池还拦截大量来自公路和其他道路的污染物。

6) SUDS 系统设施可以减少发生雨洪事件的发生频率。在 2000 年 4 月,苏格兰东部经历了大暴雨,爱丁堡部分地区出现严重洪水灾害,而在丹佛姆林东区开发区,除了 SUDS 设施正在设计建设的一个区域外,其他区域没出现地面积水。丹佛姆林东区地区经受了多次暴雨考验,把洪水威胁降到最低,并且几乎完全消除了新开发区域的面源污染。

(5) SUDS 与丹佛姆林东区开发区的生态修复

SUDS 系统对生物多样性产生了积极影响。苏格兰环保局对 SUDS 的多处塘系统生物多样性进行了检测,检测结果可知系统生物量丰富。对丹佛姆林东区开发区的后续监测还显示,由于植物多样性丰富,引来许多无脊椎动物和鸟类,形成了许多湿地美景。根据法律规定,2006 年以后新建地区必须采用 SUDS 系统。综合考虑改善下游河流水质、缓解洪峰径流,老城区也同时鼓励改造使用 SUDS 系统。

4.1.7　我国苏州河整治

苏州河源出东太湖瓜泾口,在青浦赵屯入境,于外滩汇入黄浦江,全长125公里,平均宽70~80米,上海境内53.1公里。由于是平原感潮河流,比降小,流速慢,一般流速仅为0.1~0.2米/秒;日净泄量年1.8万立方米,日进潮量可达110万立方米,高潮水深约7~8米,低潮水深约2~4米,是上海重要的河流。

百年前的苏州河曾是碧波荡漾,美丽清新。上游江面宽阔,水清如绿,下游蜿蜒曲折,鱼虾成群。1911~1914年上海的第一个自来水厂闸北水厂便坐落在恒丰路桥附近,以清澈的苏州河为水源。从20年代末起,随着城市的发展,人口增多,尤其是工业的兴起,两岸工厂林立,工业废水和生活污水直排苏州河,水质开始变坏。特别是50年代以后,水质严重恶化。由于苏州河为湖源型平原感潮河流,流域地势平坦,河流比降较小,且河道弯曲,流速缓慢,排入苏州河的污水受到潮汐影响,不能迅速排出河口。1956年污染范围往西延伸到北新泾,1964年涨潮黑臭水上溯至华漕,1978年直达青浦县白鹤、赵屯,并形成了26公里常年黑臭带,成为国内外著名的臭水浜。

苏州河在1996~2000年的治理目标是苏州河与黄浦江交汇处的色差基本消失;水面基本无漂浮物、垃圾、浮油等令感官不快的杂物;恶臭和其他非自然的气味消失;两岸绿化建设配套;长寿路桥以东河段沿岸有景可观。2000年的控制标志是水面无漂浮物,长寿路桥以东段两岸建成景观段,两岸的绿化初具规模;杜绝市区段直排苏州河的污染负荷,削减化学需氧量污染负荷190吨/日;华漕上游段水质达到Ⅳ类水环境质量标准的要求,华漕下游段水质达到Ⅴ类水环境质量标准的要求;长寿路至外白渡桥禁止货船通行,长寿路段至华漕段限制货船通行。

苏州河2010年治理目标是苏州河与黄浦江,以及苏州河干流与支流交汇带色度差异完全消失;苏州河与黄浦江,苏州河干流与支流水质同步得到改善;水面无漂浮物、垃圾等引起感官不快的杂物;两岸绿化走廊建成,市区段两岸新老建筑与绿化协调,市区段行船有景可观。2010年的控制标志是完成支流区截污治理工程,削减化学需氧量污染负荷200吨/日;华漕上游段水质达到Ⅲ类水环境质量标准的要求,华漕下游段水质达到Ⅳ类水环境质量标准的要求;基本实现苏州河水系的环境生态功能,力争鱼儿重返苏州河。

根据 2000 年干流基本消除黑臭和 2010 年基本恢复水生态系统的目标,苏州河整治实施了三期工程。

一期工程 1998 年开工,紧紧抓住 2000 年消除黑臭的目标,根据 1996 年调查的情况,有针对性地实施了 10 个工程项目,共投资约 70 亿元。一期工程完成后,市区主要污染源得到控制和治理,苏州河水质总体上呈改善趋势,但仍存在时空上的不稳定性。市区河段环境有所改善,但苏州河沿线仍存在一定量的棚户区和旧厂区,环境脏乱,许多支流水体黑臭,淤积严重,市郊支流脏、乱、差现象更为严重。于是,2003 年以解决上述问题为重点,确定苏州河干流主要水质指标稳定达到 V 类水标准;主要支流基本消除黑臭;内环线以内河段初步建成滨河景观廊道的目标,实施了苏州河整治二期工程。二期工程建设了 8 个项目,投资 40 亿元。

二期工程建成后,苏州河水质稳定的保障机制还很脆弱,苏州河自净能力的恢复也很有限,水生态系统的恢复受上游和黄浦江的影响还需要一个长期的过程;绝大多数防汛墙还很破落陈旧,两岸陆域"脏、乱、差"的状况并未得到全面和根本的改善,离市民的要求还有很大距离,与国际大都市的城市景观极不相称。2006 年在苏州河整治一期、二期工程的基础上,进一步提出建设苏州河三期工程,以苏州河干流下游水质与黄浦江水质同步改善,支流水质与干流水质同步改善;苏州河生态系统进一步恢复的目标,计划投资 31 亿元,实施 4 个工程项目,基本完成苏州河整治任务(图 4.8)。

图 4.8　整治后的苏州河

苏州河整治在全面规划的基础上,坚持治水、治本,积极开展科研活动,进行科学决策,合理分解目标,采取有力措施,循序渐进,扎扎实实推进工程建设,一步一步向长远目标迈进。

4.2 水环境污染控制技术

水体污染物的发生源通常可分为点源、面源、内源三类,点源污染主要来自工业和生活污染物的集中排放;面源污染主要来自农业非点源污染、城市雨水径流污染等;内源污染主要来自底泥中污染物的释放。三类污染源对水体污染的贡献率不同,其污染控制技术及所处的整治阶段也不同。

4.2.1 点源污染控制技术

由于点源污染发生的时间、排放途径、排放位置、污染物种类及数量不像面源污染具有较大的不确定性、随机性,点源污染控制相对面源污染较容易。因此,水环境综合整治往往先对点源污染进行控制。点源污染控制技术最主要的为截污工程,包括污水处理设施及配套管网建设,通过截污减少进入水体的污染物量。截污是相对大范围而言的,具体到各排污单位,应着重从源头削减污染物,而从源头削减污染物最有效的途径是实施清洁生产,在各排污单位推行清洁生产也是重要而有效的点源污染控制措施。

4.2.2 面源污染控制技术

面源污染,又称非点源污染,是指污染物以颗粒态或溶解态的形态从非特定的地域,在降水或径流的冲刷作用下,随径流汇入受纳水体而引起的污染问题,其过程可分为产污和迁移两部分。面源污染具有分散性、隐蔽性、随机性、广泛性和不易监测性等特点。面源污染因发生区域和发生过程的不同,分为农业面源污染和城市面源污染。

城市河流的面源污染主要是以降雨引起的雨水径流的形式产生,径流中的污染物主要来自雨水对河流周边道路表面的沉积物、无植被覆盖裸露的地面、垃圾等的冲刷,污染物的含量取决于城市河流的地形、地貌、植被的覆盖程度和污染物的分布情况。

大量水环境治理经验表明,在点源污染治理到一定程度的时候,水体仍然不能达到预定的水质目标,这很大程度上是因为面源污染的存在。因此,在截污等一系列水质改善措施实施之后,需要重点开展面源污染的控制和治理。

面源污染控制按污染物所处位置的不同,分为源头的分散控制和末端的集中控制。

1. 污染物源头的分散控制

污染物源头的分散控制就是在各污染源发生地采取措施将污染物截留下来,避免污染物在降雨径流的输送过程中进行溶解和扩散,使污染物的活性得到激活。通过污染物的源头分散的控制措施可降低水流的流动速度,延长水流时间,对降雨径流进行拦截、消纳、渗透,减轻后续处理系统的污染处理负荷和负荷波动,对入河的面源污染负荷起到了一定的削减作用。

城市河流周边地区绿地、道路、岸坡等不同源头的降雨径流的控制技术措施主要包括下凹式绿地、透水铺装、缓冲带、生态护岸等。在技术措施选用时,可依据当地的实际情况,单独使用或几种技术配合使用。

(1) 透水铺装

河流两侧入流量、承担荷载较小的人行步道和滨河路路面,可以采取在路基土上面铺设透水垫层、透水表层砖的方法进行渗透铺装,以减少径流量。对于局部不能采用透水铺装的地面,可按不小于0.5%的坡度坡向周围的绿地或透水路面。对于车流量较大的滨河路,可适当降低路两侧的地面标高,在路两侧修建部分小型引水沟渠,对路面上的雨水由中间向两侧分流,使地表径流流入距离最近的下凹式绿地。

(2) 缓冲带

缓冲带技术的应用实践在15~16世纪的欧洲就已经开始,19世纪成型,20世纪30年代在美国就有规范的缓冲带的设计和应用。水体周边缓冲带一般沿河道、湖泊水库周边设置,利用植物或植物与土木工程相结合,对河道坡面进行防护,为水体与陆地交错区域的生态系统形成一个过渡缓冲,强调对水质的保护功能,可以控制水土流失,有效过滤、吸收泥沙及化学污染、降低水温、保证水生生物生存、稳定岸坡。

（3）生态护岸

传统河岸防护工程多采用浆砌或干砌石、现浇混凝土或预制混凝土块体等结构形式,在城市河道护岸工程中采用较多的是直立式混凝土挡土墙,有植被覆盖的岸坡也多数为在天然土壤上种植草皮,土壤的抗冲刷、抗侵蚀能力较弱。暴雨径流形成后,在移动过程中携带着土壤和堤岸上的污染物、沉积物,沿岸坡一泻而下或以地表漫流的形式,毫无阻拦地进入受纳水体。因此,国内外很多工程技术人员开始研究生态护岸技术,提出多种不同结构形式的生态型护岸技术,通过固土护岸、增大土壤的渗透系数、重建和恢复水陆生态系统,尽可能地减少水土流失,提高岸坡抗冲刷、抗侵蚀能力,对降雨径流进行拦阻和消纳。目前,常用的生态护坡技术主要有植草护坡技术、三维植被网护岸技术、防护林护岸技术、植被型生态混凝土护坡技术等。

2. 末端集中控制

少量经源头分散控制措施作用后仍存在的径流会汇流成一股,集中进入水体。因此,需要在汇流口实施面源污染的末端集中控制,进一步减少进入河流的污染物。末端技术以人工湿地为主。

在降雨径流的入河汇流口,多数以雨簸箕的形式出现,可以根据周边的环境,利用雨水入河口的小都分土地构建小型的人工湿地,在入河口底部通过堆积碎石、播种植物的方式拦截入河雨水中的污染物质,即在汇流口附近铺上碎石,使污水在流入河道前先经过碎石床,利用碎石上的生物膜对水体进行净化,对进入河中的径流作最后的过遮净化处理。人工湿地构建时考虑其美化景观功能,以各种观叶、观花的湿地植物为主,使建造的人工湿地与周边的环境相协调。

4.2.3 内源污染控制技术

在点源、面源污染得到控制的情况下,控制内源污染即底泥对水质的影响对水质的改善具有重要意义。底泥对上覆水水质的影响,首先是消耗水体溶解氧,降低溶解氧浓度,加速水体进入厌氧状态,使水质恶化,主要表现为消耗水体溶解氧,使水体中还原性物质增加。其次是释放各类污染物以增加其在水体中的浓度,从而导致水质下降。因此,在点源、面源得到控制的情况下,应加强内源污染的控制。

目前,内源污染治理技术可分为三大类,即物理修复、化学修复和生物修复。

1. 物理修复

底泥疏挖。底泥疏挖是通过挖除表层含有高浓度氮磷营养盐、重金属和难降解有机物的污染底泥,从而去除底泥污染的修复手段。底泥疏挖是目前最常用的内源污染控制技术,与水利疏挖相比,最大特点是底泥疏挖属生态环保工程,要综合考虑环境、社会和经济效益。底泥疏挖有如下特点:① 尽可能保留原有生态特征,为疏挖区的生态重建创造条件,充分保护生物多样性;② 去除湖泊底泥中所含的污染物,减少底泥中高浓度污染物向水体的释放;③ 疏挖泥层厚度一般小于 1 米,按清除内源性污染、控制大型水生植物的生长以及有利于生态恢复的要求确定疏挖深度,并将疏挖精度控制在 5~10 厘米;④ 采用专业环保疏挖设备进行施工,严格监控施工进程,避免因疏浚扰动造成污染物扩散及颗粒物再悬浮,防止二次污染出现;⑤ 根据底泥和水污染性质和程度不同对底泥进行特殊处理,避免疏挖污染物对其他环境造成污染。

底泥覆盖。底泥覆盖主要是通过在污染底泥上构建一层或多层覆盖物,实现水体和污染底泥的物理隔离,并利用覆盖材料和污染物之间的吸附和降解等作用以减少底泥中的氮磷营养盐、重金属和难降解有机物等污染物向水体迁移。常用的覆盖材料包括天然材料(如清洁的沉积物、土壤、沙子、砂砾)、改性黏土(如有机改性膨润土、有机改性沸石、有机改性高岭土)和活性覆盖材料(如零价铁、磷灰石、方解石)等。一般工程上通过机械设备表层倾倒、移动驳船表层撒布、水力喷射表层覆盖和驳船管道水下覆盖等方式将覆盖物放置到底泥上形成覆盖层。

2. 化学修复

化学修复的原理是化学试剂与污染物发生氧化、还原、沉淀、水解、络合、聚合等反应,使污染物从底泥中分离、转化成低毒或无毒形态。目前常用的化学药剂有铝盐、铁盐、生石灰、硝酸钙、氧化钙等。化学修复虽然能耗较低、投资较少,但也存在问题。首先,化学药剂存在增加水体毒性的可能。其次,化学药剂可能会引起污染物的异常释放和稳态改变。因此,除曝气充氧技术外,化学修复可能更适用于应急处理。在可选用其他技术对内源污染进行控制时,尽量不使用化学修复,以免给水体造成二次污染,增加水体治理成本。

3. 生物修复

生物修复技术可以概括为利用植物、动物和微生物中的一类或几类对水体中的污染物进行吸附、降解、转化,以实现水环境净化和生态修复目的的技术。植物、微生物和水生动物在水体生物修复中扮演着不同的角色,各自为水体的净化起着不可或缺的作用。

植物修复是以植物能耐受和积累的一种或几种化学元素为前提,利用植物吸收、降解、固定等作用,有效去除水中有机和无机污染物,达到净化底泥目的的修复技术。与传统物化技术相比,植物修复建造和运行成本相对较低,运行维护技术也相对简单。挺水植物根部还能为一些水生动物和微生物提供相应生境,对恢复生态系统和提高水体自净能力有很大帮助。收割的植物得到合理处理后,一般也不会引起水体二次污染。此外,水生植物还可以改善周边的生态景观。

微生物修复即利用微生物代谢、吸附等作用将底泥中的污染物进行削减或减毒的修复技术。微生物作为生态系统中的分解者,对污染物的去除和养分的循环具有很重要作用,是河流生物修复技术的核心,研究发现底泥中存在非常丰富的微生物资源,具有很高的生物多样性,在一些特定环境中还存在特异的微生物种群,这为微生物去除内源污染提供了巨大的种质资源库。历史上首次大规模使用微生物进行污染修复并获得成功的案例发生在 1989 年美国对 Alaska 海滩溢油的处理中,经处理的海滩溢油明显减少。

动物修复是通过动物的摄食行为或富集能力去除氮磷、重金属和有机物污染物,以达到底泥净化目的的一种生物学修复手段。在重污染环境,由于动物对氧气需求和其他生存要求较高,其适用性受到限制。动物修复宜用于溶解氧充足,适于生存的轻度污染水域或后期保持阶段。目前,利用动物对底泥进行修复的研究尚处于起步阶段,已有的研究还处于室内模拟和围隔试验阶段,还有诸多问题需在今后的研究中进一步加强,如提高底泥修复动物多样性、最佳投放密度及投放密度与污染程度之间关系、动物对底泥与水体污染物浓度平衡影响等。

4.3　水环境评价方法

4.3.1　水环境质量评价

水环境质量评价,就是通过一定的数理方法与手段,对某一水环境区域进行环境要素分析,对其作出定量描述。通过水环境质量评价,摸清区域水环境质量发展趋势及其变化规律,为区域环境系统的污染控制规划及区域环境系统工程方案的制定提供依据。

1. 指数评价法

指数评价法可分为单因子污染指数法和水质综合污染指数法。单因子污染指数表示单项污染物对水质污染影响的程度,水质综合污染指数表示多项污染物对水质综合污染的影响程度。

单因子污染指数法。单因子污染指数法是将某种污染物实测浓度与该种污染物的评价标准进行比较以确定水质类别的方法。即将每个水质监测参数与《国家地面水环境质量标准》(GB 3838—2002)进行比较,确定水质类别,最后选择其中最差级别作为该区域的水质状况类别。

水质综合污染指数法。水质综合污染指数法是指在求出各个单一因子污染指数的基础上,再经过数学运算得到一个水质综合污染指数,据此评价水质,并对水质进行分类的方法。对分指数的处理不同,决定了指数法的不同形式,有诸如简单叠加型指数、算术平均型指数、加权平均型指数、内梅罗指数等。

2. 模糊评价法

水环境污染程度与水质分级相互联系并存在模糊性,而水质变化是连续的,模糊评价法较好地体现了水环境中客观存在的模糊性和不确定性,符合客观规律,具有较强的合理性。模糊评价法是通过监测数据与各级标准序列间的隶属度来确定水质级别的方法,其考虑了参加评价的各项因子在总体中的地位,由监测数据建立各评价因子对各级标准的隶属度集,形成隶属度矩阵,再把因子的权重集与隶属度矩阵相乘,获得一个综合评判集,进而得到综合评价结果。用模糊数学方法进行水质评价有 2 个关键问题:一是评价因子隶属度的分析与计算;二是各评价因子的权重分配。模糊评价法中主要有模糊综合评价法、模糊模式识别法、模糊聚类法等。

3. 灰色评价法

水环境系统是一个多因素、多层次的复杂系统,水环境监测数据是在有限时空范围内获得的,它提供的信息是不完全和不具体的,且评价标准分级之间的界限也不是绝对的。因此,可将水环境系统视为一个灰色系统。

灰色系统原理应用于水质综合评价中的基本思路是:计算水体水质中各因子的实测浓度与各级水质标准的关联度,根据关联度大小确定水体水质的级别。灰色系统理论进行水质综合评价的方法主要有灰色关联评价法、灰色聚类法、灰色贴近度分析法、灰色决策评价法等。

4. 人工神经网络法

人工神经网络是一种由大量处理单元组成的非线性自适应的系统。应用人工神经网络进行水质评价,首先将水质标准作为"学习样本",经过自适应、自组织的多次训练后,网络具有了对学习样本的记忆联想能力,然后将实测资料输入网络系统,由已掌握知识信息的网络对它们进行评价。这个过程类似人脑的思维过程,因此可模拟人脑解决具有模糊性和不确定性的问题。水质评价中应用较广泛人工神经网络模型是 B - P 网络模型和 Hopfield 模型。

4.3.2 水环境健康评价

生态系统健康这一概念产生于 70 年代全球生态系统普遍退化的背景下,始于人们对环境污染和生态破坏的关注。随着人类对自然的干扰越来越频繁和深入,生态系统健康作为一种生态系统和环境管理的方法和目标越来越受到认可,关于生态系统健康的研究也已日益引起重视。近 20 年来,河流健康状况评价的方法学不断发展,形成了一系列各具特色的评价方法,例如 RIVPACS、AUSRIVAS、IBI RCE、ISC、RHP、USHA 等。就评价原理而言,可大致将这些评价方法分为预测模型法和多指标评价法。

1. 预测模型法

预测模型法主要基于以下思路将假设河流在无人为干扰条件下理论上应该存在的物种组成与河流实际的生物组成进行比较,从而评价河流的健康状况。具体评价流程为:① 选取无人为干扰或人为干扰非常小的河流作为参照河流;② 调查参照河流的物理化学特征及生物组成;③ 建立参照河流物理化学特征与相应生物组成之间的经验模型;④ 调查被评价河流的物理化学特征,并将调查结果代入经验模型,得到被评价河流理论上应具备的生物组成;⑤ 调查被评价河流的实际生物组成;⑥ O/E 的值即反映被评价河流的健康状况,比值越接近表明该河流越接近自然状态,其健康状况也就越好面。但是预测模型法存在一个较大的缺陷,即主要通过单一物种对河流健康状况进行比较评价,并且假设河流任何变化都会反映在这一物种的变化上,因此,一旦出现河流健康状况受到破坏,但并未反映在所选物种变化上的情况,这类方法就无法反映河流真实状况,具有一定的局限性。

2. 多指标评价法

多指标评价法使用评价标准对河流的生物、化学以及形态特征指标进行打分,将各项得分累计后的总分作为评价河流健康状况的依据。此类方法在美国以及澳大利亚得到广泛应用,其中多指标方法已被应用于藻类、浮游生物、无脊椎动物、维管束植物等相关研究。RCE 清单涵盖了河岸带完整性、河道宽/深结构、河道沉积物、河岸结构、河床条件、水生植被、鱼类等 16 个指标;ISC 则构建了基于河流水文学、形态特征、河岸带状况、水质及水生生物 5 方面共计 19 项指标评价指标体系。多指标评价法考虑的表征因子远多于预测模型法,但由于评价标准较难确定,因此精度有所欠缺,并且综合评价指数在一定程度上掩盖了单个参数的信息。

第 5 章　龙岗河流域治理思路与水体改善系统分析

5.1　总体设计

5.1.1　总体定位

2015 年龙岗河西湖村交接断面水质劣于地表水 V 类标准,氨氮和总磷分别超标 1.3 倍和 2.7 倍,未达到省考核要求。根据水十条与广东省要求,西湖村断面水质需在 2018 年达到 V 类标准;根据地表水环境功能区划要求,西湖村断面水质远期要达到地表水 Ⅲ 类标准。

因此,龙岗河流域综合整治应以进一步改善水质为核心,以考核断面水质达标为目标,水质改善以氮、磷营养盐控制为主。其治理措施应坚持以控源截污、生态修复、综合管理为主,大幅削减入河污染负荷,逐步改善水生态系统。

5.1.2　治理思路

在思维方式方面,由立竿见影的愿景式思维方式向底线型全过程控制的思维方式转变;在治水路线方面,由单一目标、分区治理路线向流域统筹、系统治理路线转变;在目标制定方面,由既定排放标准控制向水体纳污能力倒逼提标转变。

1) 控源为本,截污优先。以控制污染物进入水体为根本出发点,加大污水收集力度,提高污水处理效率;强化混接污水截流等措施,最大限度地将污水输送至污水处理厂进行达标处理。

2）突出重点,全面提标。针对流域的特点,突出流域综合治理中黑臭水体消除、排放标准提升、截污箱涵管养等重点问题,实现流域水环境质量的全面达标。

3）科学诊断,重在修复。在科学调查和诊断现有排水系统的基础上,合理制定排水口、管道及检查井治理方案,优先将工作重点放在排水口治理,消除污水直排,最大限度防止排水口"常流水"及倒灌。

4）单元保障,周边联防。根据研究和治理需要,细分计算单元,并以计算单元为对象,实现水资源、水环境的系统治理。对于无法实现治理目标的计算单元,周边单元应采取有效措施进行联合防范,促进整体目标的实现。

5）建管并重,强化维护。在加大排水设施建设力度的同时,强化截污箱涵、排水口、排水管道、检查井的运行维护,严格控制排水管道、泵站的运行水位,提升运行效率;鼓励通过招投标择优选择专业单位实施检测、修复和维护,探索按效付费的模式。

6）综合施治,协同推进。在做好控源截污的基础上,积极推进排水管道进入城市地下综合管廊,促使排水系统质量提升,消除外来水入渗、污水外渗和雨污混接;加强与海绵城市建设结合,从源头管控雨水径流,有效减少溢流污染;因地制宜推进水系生态修复,有效提升水体自净能力。

5.1.3　编制原则

按照"分类、分期"的理念,建立以"流域-控制单元"为基础的流域水生态环境分区管理体系,将污染负荷削减、工程项目落实到子控制单元;以西湖村控制断面近期水质稳定达到地表水 V 类标准,远期水质达到地表水 III 类为目标,进行流域水环境问题识别与成因诊断;基于水质模型,建立控制单元污染物排放量与水质之间的响应关系,确定控制单元和各街道对控制断面的影响程度;统筹控制单元流域、黑臭水体等各类水体保护任务,与区域内相关规划有机衔接,进一步强化流域水污染控制,综合采取各类工程和管理措施,科学测算,实现目标可达,任务落地,方案可行。

不同区域水环境的环境承载力、水生态特征等都有较大差异,面临的污染特征也不尽相同,需采取针对性的污染控制策略;而对于不同的污染物质,其污染来源、迁移过程和生物毒性等各个方面也都有差异,需要不同的控制方法;不同功能的水体对水环境质量的要求不同,需要制定不同的水环境保护目标。根据水环境特征,实行"分类、分期"管理是国际上水环境管理的最佳模式。

方案实施范围内共涉及龙岗区 4 个街道办,坪山新区 1 个街道办,共 4 个控制单元。

5.2 水体改善系统分析

5.2.1 控制单元细化

1. 控制单元划分方法

未达标水体对应的汇水区内的汇水特征、水环境功能具有空间差异性,需结合代表性控制节点、下一级行政区界等因素进一步细化控制单元。控制单元划分应充分体现水陆统筹,以未达标水体所处汇水区为基础,将汇水区内不同水环境功能区/水功能区的水域向陆域延伸,细化为若干个控制单元,对于城市建成区等人工改变的汇水区,则按照实际汇水特征划分控制单元。为了使流域内的治污责任能够逐级落实,所划分的控制单元要考虑与现有行政区、街道等边界的交叉关系,以实现空间上的责任分担。

(1)基础资料准备

收集工作范围内的等高线、DEM、各级行政边界、水系分布、污水处理设施分布等矢量数据,地理坐标一般采用 WGS1984、格式为 shp、coverage 或 ArcGIS 可识别的文件。必要时,采用人工数字化等手段将村庄、社区边界叠加至行政边界。

确定流域水功能区划、地表水环境功能区划、饮用水水源保护区划等,并识别重要水文站和闸坝、重要支流入河口、重要污染源排污口、污水处理设施出入口等关键控制节点。

（2）水文响应单元划分

利用数字高程图（DEM 或等高线图）识别出山脊和山坳，提取出河道和分水岭；平坦地区参照公路、小道、行政边界等进行提取；建成区根据已有的污水管网走向，纠正自然流域的部分边界。

从河口开始，沿分水岭再回到河口，勾描出一个封闭的多边形，形成一个闭合小流域。

（3）汇水区切割

以多边形属性的各级行政区界对形成的水文响应单元进行切割，建立水文响应单元与各行政区的对应关系。

（4）结果修正

结合关键控制节点和汇水区内的汇水特征，将行政区-水文响应单元有机融合，建立"关键控制节点-控制河段-对应陆域"的水陆响应关系。对于树状河流的单个河段和湖库，根据地形图、汇水区、入河（湖库）支流等因素，基于行政边界划分下级控制单元的陆域范围；对于三角洲河网，根据等高线、河网水系汊点等因素，基于行政边界划分控制单元的陆域范围，与河网水域连成一个封闭的控制单元。

2. 控制单元划分结果

按照上述方法，以龙岗河干流为中心，综合考虑行政区划、地形地貌、土地利用、污水处理设施分布、管网建设现状、河道综合整治情况、龙岗河干流沿线水质变化情况等因素，将龙岗河流域由上游至下游划分为 4 个控制单元，分别为葫芦围以上段控制单元、葫芦围至低山村段控制单元、低山村至吓陂段控制单元、吓陂至西湖村段控制单元。划分结果如图 5.1 所示。

根据汇入支流水系的特点，控制单元进一步划分为 9 个片区。其中葫芦围以上段控制单元划分为梧桐山河片区和大康河片区，葫芦围至低山村段控制单元划分为南约河片区、龙西河片区、爱联河片区，低山村至吓陂段控制单元划分为丁山河片区、黄沙河片区，吓陂至西湖村段控制单元划分为田坑水片区、田脚水片区（图 5.2，表 5.1）。

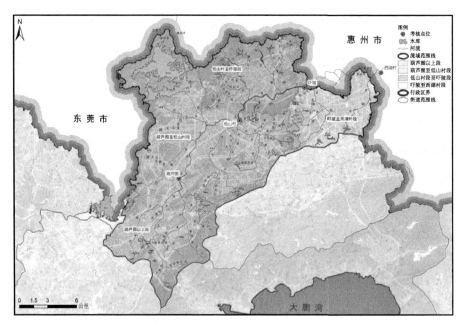

图 5.1　龙岗河流域控制单元划分

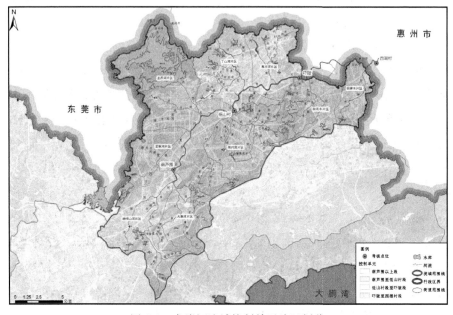

图 5.2　龙岗河流域控制单元片区划分

表 5.1 龙岗河流域控制单元水陆响应关系表

序号	控制单元名称	分片区	面积/平方公里	水域范围	陆域范围	控制断面名称
1	葫芦围以上段	梧桐山河片区	38.99	四联河、龙岗河上游段(梧桐山河)、蚌湖水、西湖水、盐田坳支流、牛始窝水	横岗	葫芦围断面
		大康河片区	26.23	大康河		
2	葫芦围至低山村段	南约河片区	60.96	南约河、同乐河等	龙城、龙岗	低山村断面
		龙西河片区	52.93	龙西河		
		爱联河片区	24.57	爱联河		
3	低山村至吓陂段	丁山河片区	32.84	丁山河	坪地	吓陂断面
		黄沙河片区	26.21	黄沙河		
4	吓陂至西湖村段	田坑水片区	25.25	花鼓坪水、田坑水、马蹄沥上游段	坑梓、惠州市惠阳区	西湖村断面
		田脚水片区	14.13	田脚水、张河沥上游段		
		惠州片区	—	干流惠州部分、马蹄沥、张河沥下游段		

（1）葫芦围以上段控制单元

本控制单元控制断面为葫芦围断面。控制单元面积为 65.22 平方公里，水域包括龙岗河上游段(梧桐山河)，一级支流大康河、四联河、蚌湖水、西湖水、牛始窝水、盐田坳支流等，陆域范围主要为横岗街道办。本控制单元划分为梧桐山河片区和大康河片区两个片区。

控制单元的两个片区均未完成水环境综合整治工作，污水直排河道现象严重，目前龙岗河上游段，即梧桐山河、大康河已实现总口截污，旱季污水及河水基本可全部截入污水处理厂处理(图 5.3)。

（2）葫芦围至低山村段控制单元

葫芦围至低山村段控制单元控制断面为低山村断面。控制单元面积为 138.47 平方公里，水域包括爱联河、龙西河、南约河，陆域范围主要包括龙城街道办、龙岗街道办。本控制单元划分为南约河片区、龙西河片区和爱联河片区 3 个片区。

爱联河片区的爱联河大部分河段均为暗渠，目前已在河口总口截污。

图 5.3　控制单元河流现状

南约河片区的南约河已于 2015 年完成综合整治工程,包括沿河箱涵截污、上游总口截污、防洪、景观等,目前水质已明显改善,基本消除了黑臭水体,但尚未能达到地表水 V 类标准,且河道水体仍进入箱涵,并进入污水处理厂处理(图 5.4)。

　　(3) 低山村至吓陂段控制单元

　　本控制单元控制断面为吓陂断面。控制单元面积为 59.05 平方公里,水域包括丁山河、黄沙河,陆域范围主要为坪地街道办。本控制单元划分为丁山河片区、黄沙河片区两个片区。

　　本控制单元的两个片区上游区域均受到惠州市的跨境影响,且输入的污染负荷较大,目前水质仍很差,水质仍劣于 V 类标准,为黑臭河流(图 5.5)。

图 5.4　控制单元河流现状

图 5.5　控制单元河流现状

（4）吓陂至西湖村段控制单元

本控制单元控制断面为西湖村断面。控制单元面积为39.38平方公里，水域包括深圳市境内的花鼓坪水、田坑水、田脚水，惠州市境内的马蹄沥和张河沥等，陆域范围主要包括坑梓街道办和惠州市惠阳区。本控制单元主要划分为田坑水片区、田脚水片区和惠州片区。

本控制单元的两个片区的污水支管网尚不完善，田坑水、田脚水在河口总口截污分别进入龙田污水处理厂和沙田污水处理厂处理。惠州片区有多条黑臭河流直接进入龙岗河干流，对水质影响较大（图5.6）。

图5.6　龙岗河流域惠州市境内（或跨界河）现状

5.2.2　控制单元污染分析

1. 总体情况

水量和水质分析：依据龙岗河流域干流和各级支流水质和水量调查，龙岗河西湖村断面流量为 115.2 万吨/日,化学需氧量、氨氮和总磷浓度分别为 17.4 毫克/升、5.36 毫克/升和 0.583 毫克/升,其中氨氮超标 1.68 倍,总磷超标 0.46 倍(表 5.2)。

表 5.2　控制单元点位流量和主要污染物浓度

控制单元	控制点位	流量/ (万吨/日)	化学需氧量/ (毫克/升)	氨氮/ (毫克/升)	总磷/ (毫克/升)
葫芦围以上段	葫芦围	21.95	14.7	1.3	0.32
葫芦围至低山村段	低山村	22.14	17.1	1.2	0.364
低山村至吓陂段	吓　陂	97.3	17.1	3.5	0.416
吓陂至西湖村段	西湖村	115.2	17.4	5.36	0.583

排水去向分析:结合龙岗河沿河箱涵建设情况,各支流去向主要途径有:进入横岗污水处理厂一期和二期、横岭污水处理厂一期和二期、龙田污水处理厂、沙田污水处理厂等设施处理后排入龙岗河,或直接汇入干流。

2. 葫芦围以上段控制单元

(1) 水量和水质

本控制单元划分为两个片区,包括梧桐山河片区和大康河片区。各支流流量和水质监测情况见表 5.3。本控制单元两个片区部分河流污染相对较轻,如小坳水、盐田坳支流等,但四联河、大康河等部分支流水质差,污染尤为严重(表 5.3)。

表 5.3　葫芦围以上段控制单元各片区河流水量水质情况

片区名称	河流名称	流量/ (万吨/日)	化学需氧量/ (毫克/升)	氨氮/ (毫克/升)	总磷/ (毫克/升)
梧桐山河片区	小坳水	3.28	5.00	1.10	0.11
	盐田坳	8.64	24.70	3.33	0.08
	蚌湖水	2.33	33.60	0.97	0.21
	四联河箱涵 1	0.86	109.00	25.50	2.38
	四联河箱涵 2	1.30	161.00	23.40	2.21
	西湖水	4.84	75.10	17.80	1.64
	牛始窝	0.00	0.00	0.00	0.00
	四联河	6.22	146.00	25.80	1.16
大康河片区	大康河	8.29	53.40	9.80	1.03

（2）污染负荷量

本控制单元的全部污水均截入横岗污水处理厂，旱季没有污水，直接汇入干流。

控制单元截入箱涵的水量为 35.76 万吨/日，化学需氧量、氨氮和总磷负荷量分别为 23.24 吨/日、4.14 吨/日和 0.30 吨/日（表 5.4）。

表 5.4 葫芦围以上段控制单元截入箱涵污染负荷量

片区名称	河流名称	流量/ （万吨/日）	化学需氧量 负荷量/（吨/日）	氨氮负荷量/ （吨/日）	总磷负荷量 （吨/日）
梧桐山河片区	小坳水	3.28	0.16	0.04	0.00
	盐田坳	8.64	2.13	0.29	0.01
	蚌湖水	2.33	0.78	0.02	0.00
	四联河箱涵1	0.86	0.94	0.22	0.02
	四联河箱涵2	1.30	2.09	0.30	0.03
	西湖水	4.84	3.63	0.86	0.08
	牛始窝	0.00	0.00	0.00	0.00
	四联河	6.22	9.08	1.60	0.07
大康河片区	大康河	8.29	4.43	0.81	0.09
合　计		35.76	23.24	4.14	0.30

本控制单元葫芦围断面水量均为横岗污水处理厂一期、二期出水。葫芦围断面水量为 21.95 万吨/日，化学需氧量、氨氮和总磷负荷量分别为 3.23 吨/日、0.29 吨/日和 0.07 吨/日。

3. 葫芦围至低山村段控制单元

（1）水量和水质

控制单元划分为 3 个片区，包括爱联河片区、龙西河片区、南约河片区。各支流流量和水质监测情况见表 5.5。本控制单元 3 个片区河流中，爱联河、龙西河污染均较为严重，氨氮和总磷超标（表 5.5）。

表 5.5 葫芦围至低山村段控制单元各片区河流水量水质情况

片区名称	河流名称	流量/ （万吨/日）	化学需氧量/ （毫克/升）	氨氮/ （毫克/升）	总磷/ （毫克/升）
爱联河片区	爱联河	2.50	72.5	12.4	1.43
龙西河片区	龙西河	3.63	77.6	15.7	1.53
南约河片区	南约河	4.67	16.1	6.16	0.68

（2）污染负荷量

本控制单元一级支流已总口截污,干流上尚有少部分溢流口,水量0.08万吨/日,化学需氧量、氨氮和总磷负荷量均小于0.001吨/日。

控制单元截入箱涵的水量为10.8万吨/日,化学需氧量、氨氮和总磷负荷量分别为5.38吨/日、1.17吨/日和0.13吨/日(表5.6)。

表5.6　葫芦围至低山村段控制单元截入箱涵污染负荷量

片区名称	河流名称	流量/ （万吨/日）	化学需氧量 负荷量/(吨/日)	氨氮负荷量/ （吨/日）	总磷负荷量/ （吨/日）
爱联河片区	爱联河	2.50	1.81	0.31	0.04
龙西河片区	龙西河	3.63	2.82	0.57	0.06
南约河片区	南约河	4.67	0.75	0.29	0.03
合　计		10.8	5.38	1.17	0.13

控制单元低山村断面的水量为葫芦围断面、本单元直接汇入干流的部分溢流口的水量。低山村断面水量为22.14万吨/日,化学需氧量、氨氮和总磷负荷量分别为3.79吨/日、0.27吨/日和0.08吨/日。

4. 低山村至吓陂断面控制单元

（1）水量和水质

本控制单元划分为两个片区,包括丁山河片区和黄沙河片区。各支流流量和水质监测情况见表5.7。本控制单元两个片区河流水量较大,氨氮和总磷超标仍较严重(表5.7)。

表5.7　控制单元各片区河流水量水质情况

片区名称	河流名称	流量/ （万吨/日）	化学需氧量/ （毫克/升）	氨氮/ （毫克/升）	总磷/ （毫克/升）
丁山河片区	丁山河	13.31	52.3	13.6	4.08
黄沙河片区	黄沙河	4.15	43.2	9.77	1.22

（2）污染负荷量

本控制单元直接汇入干流的水量为15.57万吨/日,为截污箱涵出水口和干流上部分溢流口,汇入干流的化学需氧量、氨氮和总磷负荷量分别为 4.48 吨/日、1.33 吨/日和 0.21 吨/日。

　　控制单元截入箱涵的水量为 17.46 万吨/日,化学需氧量、氨氮和总磷负荷量分别为 8.75 吨/日、2.22 吨/日和 0.59 吨/日(表 5.8)。

表 5.8　控制单元截入箱涵污染负荷量

片区名称	河流名称	流量/ (万吨/日)	化学需氧量负荷量/ (吨/日)	氨氮负荷量/ (吨/日)	总磷负荷量/ (吨/日)
丁山河片区	丁山河	13.31	6.96	1.81	0.54
黄沙河片区	黄沙河	4.15	1.79	0.41	0.05
合　计		17.46	8.75	2.22	0.59

　　控制单元中,有横岭污水处理厂一期、横岭污水处理厂二期排水进入干流。处理后排水量为 59.19 万吨/日,化学需氧量、氨氮和总磷出水负荷量为 10.18 吨/日、1.18 吨/日和 0.17 吨/日。

　　控制单元吓陂断面的水量由低山村断面、污水处理设施出水、箱涵出水及干流部分排水口溢流等组成。吓陂断面水量为 97.3 万吨/日,化学需氧量、氨氮和总磷负荷量分别为 16.64 吨/日、3.41 吨/日和 0.40 吨/日。

　　5. 吓陂至西湖村断面控制单元

　　(1)水量和水质

　　本控制单元深圳市部分划分为两个片区,包括田坑水片区、田脚水片区。各支流流量和水质监测情况见表 5.9。

表 5.9　控制单元各片区河流水量水质情况

片区名称	河流名称	流量/ (万吨/日)	化学需氧量/ (毫克/升)	氨氮/ (毫克/升)	总磷/ (毫克/升)
田脚水片区	田脚水	2.02	<10	0.220	0.25
田坑水片区	田坑水	5.77	21.4	1.84	0.43
	花鼓坪	0.62	50.0	9.75	1.44

　　(2)污染负荷量

　　本控制单元直接汇入干流的水量为 2.47 万吨/日,均在惠州市境内。直接汇入干流的化学需氧量、氨氮和总磷负荷量分别为 2.3 吨/日、0.55 吨/日和 0.06 吨/日。

控制单元中,有龙田污水处理厂、沙田污水处理厂和惠阳第二污水处理厂,处理后排水量为 13.79 万吨/日,化学需氧量、氨氮和总磷出水负荷量为 2.27 吨/日、0.31 吨/日和 0.05 吨/日。

控制单元西湖村断面的水量由吓陂断面、污水处理设施出水、河涌及干流排水口等组成。西湖村断面水量为 115.2 万吨/日,化学需氧量、氨氮和总磷负荷量分别为 20.04 吨/日、6.17 吨/日和 0.67 吨/日。

5.2.3　计算模型

为系统、科学地分析流域水质变化特征,计算环境容量及评估实施工程和管理措施后的水质变化,使用数值模拟模型对河流水质进行模拟计算。

龙岗河流域具有以下特点。

1）整个流域为一树枝状单向流水系,具有明显的季节变化,但在没有降雨的情况下,短期内变化不明显。

2）属于典型的狭长形河道,污染物均可达到断面均匀混合。

3）河道比降较大,即使在枯水期也具有一定的流速,污染物随流输移作用较明显,纵向离散作用可以忽略不计。

4）河流污染以可降解的有机污染物为主。

根据上述水文水质特征,本书采用 S-P 模型计算。

对于某一具体河流水系,根据其水文、地形、水质特点,分为若干段,每一段的水文、地形、水质特征是一致的,符合 S-P 模型的适用条件。各河段之间根据质量守恒原理进行衔接,从上游往下逐段计算河流环境质量。

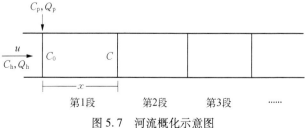

图 5.7　河流概化示意图

S-P模型公式：

$$C_0 = (C_pQ_p + C_hQ_h)/(Q_p + Q_h)$$

$$C = C_0\exp(-K_1\frac{x}{86\,400u})$$

$$D_0 = (D_pQ_p + D_hQ_h)/(Q_p + Q_h)$$

$$D = \frac{K_1C_0}{K_2 - K_1}\left[\exp(-K_1\frac{x}{86\,400u}) - \exp(-K_2\frac{x}{86\,400u})\right] +$$

$$D_0\exp(-K_2\frac{x}{86\,400u})$$

式中,C 为计算断面的污染物浓度;C_0 为计算初始点的污染物浓度;K_1 为耗氧系数;u 为河流流速;x 为从计算初始点到下游计算断面的距离;D 为氧亏量,即饱和溶解氧浓度与溶解氧浓度的差值;D_0 为计算初始断面氧亏量;K_2 为大气复氧系数。

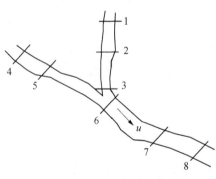

图5.8 多河段水系示意图

以上水质模型仅适用于单一河段的情况。河流及其支流一般是树状水系,必须将这些模型进行扩展才能应用。先考虑如图5.8所示的树状水系,设水系共有8个断面,断面1~3所在河段为支流,断面4~8所在河段为干流。

首先,考虑支流情况。断面1~3所在支流可视作单一河段,采用单河段水质数学模型自上而下计算各断面的水质。求出断面3的流量和浓度后,可将其处理成断面6的污水量和污染物浓度。

其次,图5.8中仅考虑一条支流,对于多条支流的水系,处理方式是一样的,即每条支流均为单一河段,分别计算其水质,然后将支流汇入干流的流量和浓度看作一个点源。

最后,计算干流的水质状况。由于支流已处理成断面6的点源,因此计算干流时河流水系也是单一河段,同样可以采用单河段水质数学模型计算断面4~8的污染物浓度。

　　根据河流特征,龙岗河干流从西坑断面至西湖村,支流包括大康河、爱联河、黄龙河、黄沙河等,干流长约41公里,水系总长约69公里,划分断面149个(图5.9)。

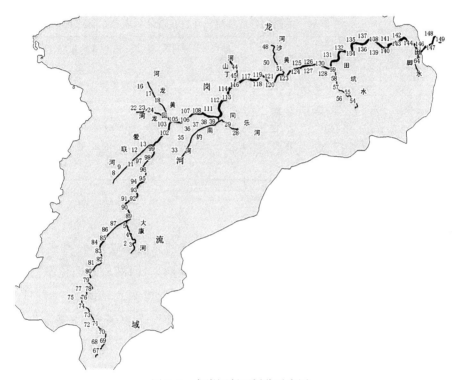

图5.9　龙岗河断面划分示意图

5.3　目标削减量分析

　　(1) 环境容量计算

　　根据龙岗河流域各控制单元控制断面的水量和水质情况,以地表水Ⅴ类标准计算环境容量(考虑龙岗河沿河截污箱涵和一级支流总口截污的治理模式,为方便计算,各控制断面环境容量为累积容量)。近期以地表水Ⅴ类标准核算,龙岗河西湖村断面化学需氧量、氨氮和总量环境容量分别为46.08 吨/日、2.30 吨/日和 0.46 吨/日;远期以地表水Ⅲ类水质标准核算,龙岗河西湖村断面化学需氧量、氨氮和总量环境容量分别为 23.04 吨/日、1.15吨/日和 0.23 吨/日(表 5.10)。

表 5.10　龙岗河各控制单元环境容量分析表　(单位:吨/日)

控制单元	控制断面	流量/(万吨/日)	地表水Ⅴ类核算			地表水Ⅲ类核算		
			化学需氧量	氨氮	总磷	化学需氧量	氨氮	总磷
葫芦围以上段	葫芦围	21.95	8.78	0.44	0.09	4.39	0.22	0.04
葫芦围至低山村段	低山村	22.14	8.86	0.44	0.09	4.43	0.22	0.04
低山村至吓陂段	吓　陂	97.3	38.92	1.95	0.39	19.46	0.97	0.19
吓陂至西湖村段	西湖村	115.2	46.08	2.30	0.46	23.04	1.15	0.23

（2）目标削减量计算

龙岗河各控制单元现状污染负荷量和要求削减量见表 5.11 和表 5.12(表中数据为累积污染负荷量和累积要求削减量)。西湖村断面化学需氧量、氨氮和总磷现状负荷量分别为 20.04 吨/日、6.17 吨/日和 0.67 吨/日。以近期达到地表水Ⅴ类标准核算,化学需氧量无新增削减量要求,氨氮和总量要求削减量分别为 3.87 吨/日和 0.21 吨/日;以远期达到地表水Ⅲ类标准核算,化学需氧量无新增削减量要求,氨氮和总量要求削减量分别为 5.02吨/日和 0.44 吨/日。

表 5.11　龙岗河各控制单元现状污染负荷量

控制单元	控制断面	化学需氧量负荷量/(吨/日)	氨氮负荷量/(吨/日)	总磷负荷量/(吨/日)
葫芦围以上段	葫芦围	3.23	0.29	0.07
葫芦围至低山村段	低山村	3.79	0.31	0.08
低山村至吓陂段	吓　陂	16.64	3.41	0.40
吓陂至西湖村段	西湖村	20.04	6.17	0.67

表5.12　龙岗河各控制单元污染负荷要求削减量

（单位：吨/日）

控制单元	控制断面	近期地表水Ⅴ类核算			远期地表水Ⅲ类核算		
		化学需氧量	氨氮	总磷	化学需氧量	氨氮	总磷
葫芦围以上段	葫芦围	—	—	—	—	0.07	0.03
葫芦围至低山村段	低山村	—	—	—	—	0.09	0.04
低山村至吓陂段	吓　陂	—	1.46	0.02	—	2.44	0.21
吓陂至西湖村段	西湖村	—	3.87	0.21	—	5.02	0.44

　　根据上表可知,龙岗河干流所有监测断面化学需氧量均优于地表水Ⅴ类标准,且基本达到地表水Ⅲ类标准,无须进一步削减;葫芦围、低山村断面来水为横岗污水处理厂一期、二期出水,旱季基本无其他污水汇入,现阶段氨氮和总磷基本可达地表水Ⅴ类标准,从控制单元控制断面水质达标分析,近期本控制单元无须进一步削减污染负荷,但远期要达到地表水Ⅲ类标准则需进一步削减;低山村至吓陂段,受污水处理厂及部分排污口溢流等的影响,吓陂断面氨氮、总磷超出地表水Ⅴ类标准,需进一步削减;吓陂至西湖村段主要受深圳市截污箱涵溢流、惠州市境内马蹄沥、张河沥等6条黑臭河涌及多个入河排污口等的影响,水质明显下降,西湖村断面氨氮、总磷超标较为严重,需进一步削减。

　　由于受龙岗河流域一级支流总口截污及沿河截污箱涵污染转移的影响,控制单元控制断面水质达标并不代表该控制单元污染负荷无须进一步削减,如横岭污水处理厂对面的截污箱涵溢流口位于低山村至吓陂段控制单元,但其污水来自葫芦围以上段控制单元、葫芦围至低山村段控制单元、低山村至吓陂段控制单元,共3个控制单元。因此,在系统分析龙岗河流域总口截污影响,考虑截污箱涵污染转移的情况下,重新核算各控制单元污染负荷要求削减量,结果见表5.13。可知,葫芦围以上段控制单元和吓陂至西湖村段控制单元是河流治理的重点,以近期达到地表水Ⅴ类标准核算,这两个控制单元需削减氨氮1.38吨/日和1.39吨/日,削减总磷0.06吨/日和0.10吨/日;以远期达到地表水Ⅲ类标准核算,这两个控制单元需削减氨氮1.79吨/日和1.80吨/日,削减总磷0.13吨/日和0.21吨/日。

表 5. 13　考虑截污箱涵污染转移后控制单元污染负荷要求削减量

（单位：吨/日）

控制单元	近期地表水 V 类核算		远期地表水 III 类核算	
	氨　氮	总　磷	氨　氮	总　磷
葫芦围以上段	1. 38	0. 06	1. 79	0. 13
葫芦围至低山村段	0. 42	0. 02	0. 54	0. 04
低山村至吓陂段	0. 68	0. 03	0. 88	0. 06
吓陂至西湖村段	1. 39	0. 10	1. 80	0. 21
合　计	3. 87	0. 21	5. 01	0. 44

第6章 龙岗河流域水质改善策略

　　根据前述分析,结合龙岗河流域各控制单元实际情况,以流域水质改善为目标,提出工程措施类、综合管理类两项共 11 点对策和建议。其中,工程措施类包括加快推进河流综合整治、完善流域内污水管网建设、加快污水处理厂提标、实施河流生态补水 4 点;综合管理类包括优化污水收集处理设施运管机制、加强面源污染治理、加强监督监管力度、建立突发应急响应机制、跨界河流水质改善联合行动机制、治理措施效果定量评估机制、严格环保准入 7 点。

6.1　加快推进河道综合整治

　　采取污水收集和就地处理相结合的治污模式。严格按照"雨污分流"原则,优先通过截污等方式将排污口旱季污水截入污水处理厂处理,不能截入的排污口污水就地处理。

　　大力整治干支流排污口。入河排污口、雨水排放口实施"身份证"管理,公开排放口名称、编号、汇入主要污染源等,建立入河排污口信息管理系统,不断提高监管水平,并将入河排放口日常监管列入基层河长履职巡查的重点内容。结合龙岗河支流综合整治工程,实施河道防洪、截污工程、水质改善、河道补水等措施,整治龙岗河干支流排污口,确保干流、支流旱季无污水直接入河,并将支流的清洁基流剥离补充到龙岗河干流。

6.2 完善流域内污水管网建设

重点推进流域污水支管网建设及雨污分流改造,力争建成"用户—支管—干管—污水处理厂"的路径完整、接驳顺畅、运转高效的污水收集系统,基本实现雨污分流。协同推进污水处理设施配套管网、沿河截污管网和雨污分流管网建设,实现厂网统筹、区域统筹、雨污统筹;城市更新区及新建片区均应实行雨污分流,有条件的地区要推进初期雨水收集、处理和资源化利用;推进排水管线联网成片及人口密集区的雨污分流改造;以管网连通率为主要考核指标,确保管网存量接通,织网成片,新建管网力争"建成一片,连通一片"。

近期重点加快推进横岗、龙岗、坪地、坑梓等街道办污水管网建设,远期实现流域管网全覆盖,全面实现雨污分流改造。

6.3 加快污水处理厂提标

由于龙岗河汇入东江饮用水源保护区,建议加快现有污水处理厂提标改造,出水应执行更严格的排放标准。

近期重点推进流域内横岭污水处理厂一期、横岭污水处理厂二期提标改造,出水水质达到地表水准Ⅳ类标准;远期推进沙田污水处理厂、龙田污水处理厂提标改造,出水水质达到地表水准Ⅳ类标准,同时关注污水处理厂对微量有机污染物的净化效果。

6.4 优化污水收集处理设施运管机制

建立沙田、龙田、横岭等污水处理厂突发进水异常应急响应机制,加强进水水质监测,采取多种手段应对进水泥沙量大、总磷偏高及重金属异常等问题,确保污水处理厂稳定运行。

调整污水系统运行方式,开展流域污水处理设施旱季、雨季出水不同排放标准可行性研究,鼓励最大化削减污染负荷。

推进污水处理厂"双提升"计划。梳理连接新建管道,打通污水处理厂、干管、支次管、用户的污水收集通道,进一步提高流域内6座污水处理厂的进水量和进水浓度。

提高管网建设质量和管养水平。严格管网验收移交程序,提升管网管养维护水平,确保已建管网充分发挥效益。对污水管网建设进行全过程监督管理和精准考核,明确每年管网建设起始坐标和里程,精确到"最后1米"。

6.5 实施河流生态补水

结合再生水利用、海绵城市建设和水库功能调度优化,适时提供干支流生态补水。根据《深圳市再生水布局规划》实施流域内横岗污水处理厂一期和二期、横岭污水处理厂一期和二期再生水利用,补充梧桐山河、大康河、龙西河和丁山河等;开展流域内小水库生态补水研究,增加河流径流量,提升环境容量。

按"整治一条,释放一条"的原则逐步释放清洁基流,对于原采取总口截污箱涵的支流,完成综合整治后不再进入截污箱涵,直接进入干流以增加干流生态容量。近期实现已完成整治的一级支流清洁基流释放。远期流域内实现全部支流清洁基流释放。

6.6 加强面源污染治理

加强海绵城市建设。结合《深圳市海绵城市建设专项规划及实施方案》,龙岗河流域内新建区域目标导向,全面落实海绵城市建设要求;已建片区问题导向,结合城市更新、道路新建改造、轨道交通建设等逐步推进海绵城市建设。

加强截污箱涵及河道的管养。加强龙岗河干流沿河截污箱涵,河道总口截污口的管养工作,及时清理垃圾和漂浮物,尽可能避免箱涵溢流现象。加强建成区道路垃圾清理和保洁工作,尤其是在汛期到来之前。推进河道养护保洁管理常态化,及时清理河道岸边及河道垃圾。

生活垃圾转运站应逐步废弃混合收集方式,推进垃圾分类收集,减少厨余垃圾等含水率高的有机易腐烂垃圾与其他类型垃圾一起收集,减少污水渗漏等现象的发生。重点推进辖区垃圾转运站的升级改造,将清理垃圾转运站的污水接入污水管进入污水处理厂处理。

加强垃圾清扫和清运管理。加大辖区内清扫保洁和垃圾转运收集设施的投资,规范环卫作业服务招标管理、强化服务合同履约监管、搭建环卫作业服务管理信息系统,实现对环卫作业服务全过程监管,有效保障环卫作业服务质量;提高环卫作业人员配置率,加强道路保洁作业,降低垃圾暴露频率;加强垃圾收运管理,以及填埋场和垃圾处理站管理,减少雨季垃圾等面源污染对污水管网系统的冲击。

开展重点行业和区域面源污染专项整治。由市环保、农业、市场监管和各区政府等相关部门,研究开展龙岗河流域汽修、餐饮、肉菜和农产品市场等重点行业和区域污染专项整治,减少面源污染的影响。

6.7 严格环境准入

执行最严格的水资源保护制度和最严格的环境保护制度,在交接断面水质达标之前,实施更严格的流域限批,严格控制流域内新增供水量,严格控制向环境水体排放废水的建设项目。

切实推进产业结构调整。根据广东省电镀、印染、化工、造纸等重污染行业统一规划统一定点实施意见,以及龙岗区、坪山区加快实施东进战略推进产业结构升级的内在需求,研究制定相关措施限制整改,或淘汰一定比例的"两高一低"行业企业(高耗水、高排污、低效益),列出清单淘汰一定比例的高耗水、低效益污染企业和达标整改企业,新扩改建项目必须有流域内新增加的减排指标作为审批和竣工验收的前置条件。

基于环境容量制定流域水污染物排放标准。结合流域的产业发展规划、目前企业情况,分别列出"主要污染物总量控制方案"的企业淘汰清单。淘汰企业原则为优先淘汰高耗水低效益污染企业、流域内无定点园区企业、不符合产业发展规划企业、劳动密集型企业。以单位 GDP 用水量和排水量为主要依据,确定流域重污染企业关停,并转清单。

将污水收集处理情况作为项目审批的重要条件。水务部门定期公布市政污水管网覆盖情况,作为各部门审批项目的重要条件。对市政污水管网未覆盖区域,除重大项目和环境基础设施以外,建议一律不得批准有污水排放的项目;对污水不能纳管的项目,建议一律执行地表水Ⅲ类水质标准。

6.8　加强监督管理力度

干支流加密监测,定期评估水质变化。加强龙岗河干流及各级支流水量和水质监测,定期进行排名及公示,并按照干支流所属行政区落实职责,推进水体改善工作的开展。

污水处理设施"飞行"检查。横岗污水处理厂、横岭污水处理厂等 6 座污染治理设施在每季度监督性监测的基础上,开展"飞行"监测,提升污水处理设施稳定运行能力。

强化排污许可证管理。对龙岗河流域内重点污染企业实施明渠明管明沟改造,规范企业工业废水、生活污水、雨水排放去向和排污口,并将相关要求纳入排污许可证管理。

建立行政过错环保责任追究制度。以社区为单位,对辖区内的工业企业开展定期巡查排查,发现无排污许可的涉水企业应第一时间报告街道办相关部门联合开展清理取缔工作,防止小电镀、小氧化等无证排污企业集聚。市环保部门对社区开展定期抽查,对存在无证排污企业数量多、清理力度不足的社区予以通报,并将抽查结果纳入治污保洁考核及生态文明考核。

加强流域内工业企业监管执法力度。将明查与暗查相结合,日常巡查与夜间突击检查相结合,工作日查与节假日查相结合,深惠跨界联合查与交叉查相结合,部门专项查与多部门联合查相结合,多措施并举,依法从严、从重、从快惩处环境违法行为。制定工业企业污染物排放提标和严格执法实施方案,对超标、超量企业予以"黄牌"警示,一律限制生产或停产整治,对整治仍不能达到要求且情节严重的企业给予"红牌",一律予以关停;此外,联合市水务局对偷倒废渣废液的污染行为进行重点打击,依法依规行政拘留,或追究刑事责任。

6.9 建立突发应急响应机制

由市区等各级环境监察部门牵头,建立龙岗河流域突发应急响应机制,针对化学危险品泄漏、倾倒,污染治理设施突发事故等突发水环境问题,编制应急响应预案,加强应急演练,提升水环境应急处理处置能力。

6.10 治理措施效果定量评估

建立龙岗河流域各类治理措施定量评估体系,贯穿工程措施实施的全过程,通过治理工程预评估、实施进展和问题分析、实施后评估等定量分析水环境改善效果,结合工程实施实际情况,滚动修编和合理调整资金安排与任务。

6.11 深惠协同推进跨界河流整治

充分利用深莞惠合作平台,健全流域环境监察协作、部门联合执法、边界联动执法和环境应急联动机制,完善定期协调会商、信息互通共享、水质联合监测及突发环境事件协同处置制度,建立跨行政区域河流交界断面水质达标管理及污染联合防治、跨行政区域污染事故应急协调处理等制度,妥善处理跨界水污染纠纷和环境突发事件。

　　建议惠州市加快推进龙岗河片区污水支管网建设,进一步提升城市污水处理厂处理能力,提升出水标准。重点整治龙岗河干流排污口和黑臭支流,开展龙岗河干流惠州片区入河排污口的截污整治工作,加快推进马蹄沥、张河沥等多条黑臭河流水环境综合整治工作,加快推进丁山河、黄沙河上游惠州片区水污染治理工作。

第 7 章　龙岗河流域控制单元治理策略

7.1　葫芦围以上段控制单元

7.1.1　主要问题

控制断面水质：旱季葫芦围断面水质主要取决于横岗污水处理厂一期、二期出水，雨季还受梧桐山河、大康河总口截污箱涵溢流的影响。2015 年葫芦围断面年均值达地表水 V 类标准，但个别月份氨氮和总磷超标。2015 年 12 次监测中，氨氮超标 3 次，达标率为 75%，总磷超标两次，达标率为 83%。

主要河流水质：干流上游梧桐山河，一级支流四联河、大康河、蚌湖水、西湖水等水质均劣于地表水 V 类标准，污染严重。

污水管网和治污工程：污水管网严重缺失，尤其在四联、横岗、大康、西坑等社区；河道整治工程推进较缓慢。

入河排污口：控制单元仍有较多排污口，其中四联河、大康河、西湖水排污口问题较为突出。

7.1.2　原因及压力

本控制单元主要涉及龙岗区的横岗街道办。

本控制单元人口密度相对大，且工业分布较为密集，常住人口 31.94 万人，人口密度达 0.49 万人/平方公里；重点工业企业共有 45 家，工业总产值达 87.12 亿元。控制单元受区域复合型污染的影响，河流水质恶化：人口集聚区不断扩张，密集人口产生的生活污水成为流域水污染物的主要来源；局

龙岗河干流总口截污溢流

大康河总口截污溢流

盐田坳支流截污箱涵溢流

干流截污箱涵未连通

干流污水漏接溢流

梧桐山河污水漏接溢流

图 7.1　部分溢流口现场照片

部工业污染仍然存在,工业废物直排入河时有发生;流域范围内污水管网缺失严重,历史欠账多,特别是在四联河、大康路、西湖水等区域;干流,尤其是支流沿河两岸普遍被建筑物侵占,对水环境的保护及河流整治工作形成障碍。此外,流域大截排、总口截污的治理模式,如管理不善易出现箱涵口堵塞的情况,造成溢流,加重河道污染,雨季尤为突出(图7.1)。

根据污染源测算结果,本控制单元污染排放量仍较大,生活源化学需氧量、氨氮和总磷的排放负荷分别为9 209.90吨/年、1130.84吨/年和135.23吨/年;工业源化学需氧量、氨氮和总磷的排放负荷分别为502.28吨/年、55.48吨/年和5.48吨/年;雨水径流污染化学需氧量、氨氮和总磷的排放负荷分别为3 816.63吨/年、298.85吨/年和82.24吨/年。

7.1.3　治理目标

水质目标:近期葫芦围断面水质稳定达到地表水Ⅴ类标准;远期达到地表水Ⅲ类标准。

总量目标:近期本控制单元氨氮排放量削减1.38吨/日,总磷排放量削减0.06吨/日;远期本控制单元氨氮排放量削减1.79吨/日,总磷排放量削减0.13吨/日。

7.1.4　主要措施

1. 污水管网和污水处理设施

推进雨污分流管网建设及正本清源工作。在横岗污水处理厂,梧桐山河、四联河截污干管已建成的基础上,为提高污水收集率,横岗街道办近期主要考虑四联社区、西坑社区、圩镇社区和六约社区的污水支管网完善。远期实现大康、安良、荷坳、保安和横岗等社区的污水支管网完善,实现管网全覆盖,污水全收集。

污水处理厂提标改造。近期横岗一期、二期污水处理厂由一级A标准提升至地表水准Ⅳ类标准,提标规模为15万吨/日。远期对横岗污水处理厂一期、二期出水进一步深度处理,主要水质指标达地表水准Ⅲ类标准。

2. 河道综合整治工程

加快推进河道综合整治工程。近期重点加快推进龙岗河上游梧桐山河水环境综合整治工程、大康河综合整治工程进度,尽快实现将干流沿河截污箱涵接驳连通,将上游清洁的河水剥离出来,增加河流生态流量,并减少截污箱涵水量,降低污水处理厂处理负荷。

大康河生态补水工程:完成沿河截污工程,剥离上游大面积山体清洁基流及雨水,清污分流后,通过横岗污水处理厂尾水回补河道。

3. 入河排污口整治与接驳

结合污水支管网建设和河道综合整治工程,近期推进入河排污口整治工作,将控制单元内的入河排污口进行整治与接驳,消除污水直排,减少入河污染负荷。

4. 面源污染控制

远期考虑建设梧桐山河、大康河雨水调蓄池。考虑到此控制单元沿河箱涵截污的治理模式,河道完成截污后,面源污染将更为突出,初雨的收集处理尤为重要。在支流截流管接入干流截污箱涵处设置闸门,从降雨开始到 30 分钟过程中,闸门处于开启状态,干流箱涵接收支流截污管来水,超过干流箱涵设计流量的水体进入调蓄池。30 分钟分钟后关闭进水闸门,支流截污管中的水体弃流进河道。降雨结束后调蓄池内收集的污水,由截污箱涵或提升泵站就近进入横岗污水处理厂处理。根据初步估算,调蓄池的规模大概是 22 万立方米,具体位置可考虑在大康河口左侧的用地(图 7.2)。

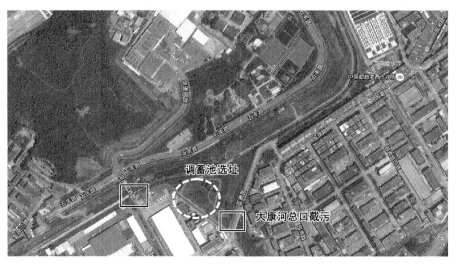

图 7.2 调蓄池初步选址

7.2 葫芦围至低山村段控制单元

7.2.1 主要问题

控制断面水质：2015 年低山村断面污染物年均值达地表水 V 类标准，但个别月份氨氮和总磷超标。2015 年 12 次监测中，氨氮超标两次，达标率为 83%，总磷超标 4 次，达标率为 67%。

主要河流水质：一级支流爱联河、龙西河污染严重，为黑臭河流；南约河已完成整治，但受同乐河等未整治支流的影响，水质仍劣于地表水 V 类标准。

污水管网和治污工程：仅在中心城区污水管网较为完善，爱联、龙西、回龙铺、盛平、南联、南约、龙东、同乐等社区污水管网缺失严重。

入河排污口：控制单元仍有较多排污口，且主要集中在龙西河。

7.2.2 原因及压力

本控制单元主要涉及龙岗区的龙城街道办和龙岗街道办。

本控制单元为龙岗区中心城区，人口密度相对较大，常住人口 53.97 万人，人口密度达 0.39 万人/平方公里；重点工业企业共有 64 家，工业总产值达 93.61 亿元，主要分布在龙岗街道办。控制单元受区域复合型污染的影响，河流水质恶化：人口集聚区不断扩张，密集人口产生的生活污水成为流域水污染物的主要来源；局部工业污染仍然存在，但影响相对较小；流域范围内污水管网仅在中心城片区较为完善，整体缺失较为严重，历史欠账多，特别是在爱联、龙西、回龙铺、盛平等区域。此外，流域大截排、总口截污的治理模式，如管理不善，易出现箱涵口堵塞的情况，造成溢流，加重河道污染，而雨季则更为严重(图 7.3)。

根据污染源测算结果，本控制单元污染排放量仍较大，生活源化学需氧量、氨氮和总磷的排放负荷分别为 15 562.25 吨/年、1 910.81 吨/年和 228.51 吨/年；工业源化学需氧量、氨氮和总磷的排放负荷分别为 307.65 吨/年、24.09 吨/年和 4.55 吨/年；雨水径流污染化学需氧量、氨氮和总磷的排放负荷分别为 9 100.03 吨/年、647.35 吨/年和 191.51 吨/年。

图 7.3　爱联河截污箱涵溢流

7.2.3　治理目标

水质目标:近期低山村断面水质达到地表水 V 类标准。远期达到地表水 III 类标准。

总量目标:近期本控制单元氨氮排放量削减 0.42 吨/日,总磷排放量削减 0.02 吨/日;远期本控制单元氨氮排放量削减 0.54 吨/日,总磷排放量削减 0.04 吨/日。

7.2.4　主要措施

1. 污水管网和污水处理设施

推进雨污分流管网建设及正本清源工作。龙城街道办,在横岭污水处理厂、横岗污水处理厂、龙西河截污干管工程已建成的基础上,龙城街道近期主要考虑龙西社区、五联社区、新联社区、爱联社区的污水支管网完善;远期考虑盛平、回龙铺、黄阁坑等社区的污水支管网完善,实现管网全覆盖,污水全收集。龙岗街道办,在横岭污水处理厂、南约河、同乐河截污干管工程在建或已建成的基础上,龙岗街道办近期主要考虑龙新社区、南联社区、南约社区、同乐社区的污水支管网完善。远期考虑龙东社区、新生社区、龙岗社区等社区的污水支管网完善,实现管网全覆盖,污水全收集。

2. 河道综合整治工程

加快推进河道综合整治工程。近期加快推进龙西河综合整治工程、三棵松水黑臭整治工程、同乐河综合整治一期工程建设进度。重点加快推进同乐河综合整治工程进度,尽快实现将南约河较清洁的河水剥离出来,增加河流生态流量,并减少截污箱涵水量,降低污水处理厂处理负荷。

龙西河生态补水工程:据估算,补水 0.36 万立方米/天,可达最小生态需水量的要求。结合横岭污水处理厂尾水补水工程延伸补水管至清林径水库溢洪道下游,补水 0.3 万立方米/天,延伸补水管至回龙河上游,补水量为1 万立方米/天。同时可考虑利用清林径水库补水,建议水务部门开展可行性研究与论证,以满足河道适宜生态需水量要求。

3. 入河排污口整治与接驳

结合污水支管网建设和河道综合整治工程,近期重点推进龙西河入河排污口整治工作。南约河重点加强已截排污口的管理,防止溢流,同时加强巡查,发现有新增排污口时应及时立项整治。

4. 面源污染控制

远期考虑建设龙西河、南约河初雨水调蓄池。在支流截流管接入干流截污箱涵处设置闸门,从降雨开始到 30 分钟过程中,闸门处于开启状态,干流箱涵接收支流截污管来水,超过干流箱涵设计流量的水体进入调蓄池。30 分钟后关闭进水闸门,支流截污管中的水体弃流置河道。降雨结束后,调蓄池内收集的污水由截污箱涵或提升泵站进入横岭污水处理厂处理。根据初步估算,龙西河、南约河调蓄池的规模分别为 10 万立方米和 8 万立方米,具体位置分别位于龙西河河口对岸和南约河河口右侧。

7.3 低山村至吓陂段控制单元

7.3.1 主要问题

控制断面水质:吓陂断面主要超标污染物为氨氮和总磷。2014 年 12 次监测中,氨氮超标 6 次,达标率为 50%,总磷超标两次,达标率为 83%;2015

年氨氮超标 5 次,达标率为 58%,总磷超标 6 次,达标率为 50%。由于截污箱涵溢流水(丰水期约 15 万吨/日)单独隔开引流至下游,若考虑箱涵水的影响,吓陂断面水质将远低于现在的监测结果。

主要河流水质:一级支流丁山河、黄沙河污染严重,水质劣于地表水 V 类标准。丁山河、黄沙河上游片区在惠州市境内,入境污染负荷仍较大,对河流水质影响较大。

污水管网和治污工程:污水干管和支管网建设极不完善,缺失严重。黄沙河、丁山河整治工程推进较缓慢。

入河排污口:控制单元仍有较多排污口,其中箱涵出口(横岭污水处理厂对面)存在一定溢流,对龙岗河下游水质造成了较大影响。

7.3.2　原因及压力

本控制单元主要涉及龙岗区的坪地街道办。

本控制单元人口密度相对较低,常住人口 9.78 万人,人口密度达 0.17 万人/平方公里,但工厂企业较多,重点工业企业共有 52 家,工业总产值达 34.93 亿元。控制单元受区域复合型污染的影响,河流水质恶化:人口集聚区不断扩张,建成区密集人口产生的生活污水成为流域水污染物的主要来源;局部工业污染仍然存在,但影响相对较小;流域范围内的污水干管、支管网极不完善,历史欠账多。丁山河、黄沙河流域大截排、总口截污的治理模式,如管理不善,易出现箱涵口堵塞的情况,造成溢流,加重河道污染,而雨季则更为严重(图 7.4)。此外,丁山河、黄沙河上游区域是惠州市,入境污染负荷影响大。

根据污染源测算结果,控制单元污染排放量仍较大,生活源化学需氧量、氨氮和总磷的排放负荷分别为 2 820.06 吨/年、346.26 吨/年和 41.41 吨/年;工业源化学需氧量、氨氮和总磷的排放负荷分别为 218.63 吨/年、20.85 吨/年和 2.86 吨/年;雨水径流污染化学需氧量、氨氮和总磷的排放负荷分别为 2 353.60 吨/年、209.37 吨/年和 39.86 吨/年。

7.3.3　治理目标

水质目标:近期吓陂断面水质达到地表水 V 类标准,远期达到地表水 Ⅲ

图 7.4　龙岗河截污箱涵溢流口情况

类标准。

总量目标：近期本控制单元氨氮排放量削减 0.68 吨/日,总磷排放量削减 0.03 吨/日;远期本控制单元氨氮排放量削减 0.88 吨/日,总磷排放量削减 0.06 吨/日。

7.3.4　主要措施

1. 污水管网和污水处理设施

推进雨污分流管网建设及正本清源工作。在横岭污水处理厂,丁山河截污干管工程已建成的基础上,坪地街道办近期主要考虑坪西、中心、坪东及四方埔社区的污水支管网完善;远期考虑六联和年丰等社区的污水支管网完善,实现管网全覆盖,污水全收集。

加快推进横岭污水处理厂的提标。近期横岭污水处理厂一期由原来的一级 B 标准提升至地表水准Ⅳ类标准,横岭污水处理厂二期由一级 A 标准提升至地表水准Ⅳ类标准。远期横岭污水处理厂一期、二期通过人工湿地等生态处理工艺进一步深度处理,出水达地表水准Ⅲ类标准。

2. 箱涵溢流污水处理

目前截污箱涵存在一定溢流,待龙岗河上游同乐河、龙西河、丁山河、黄沙河整治完成后,可实现河道较清洁水体的剥离,届时箱涵水量基本能全部进入横岭污水处理厂处理。因此,为了保证近期西湖村断面达到考核标准,建议加快推进同乐河、龙西河、丁山河、黄沙河的治理,并将南约河、龙西河、丁山河、黄沙河等河流清洁基流剥离出来。

3. 河道综合整治工程

加快推进控制单元河道综合整治工程,加快推进丁山河、黄沙河水环境综合整治工程。

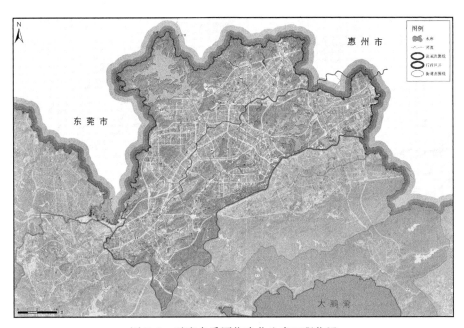

图 7.5　干流水质原位净化生态工程位置

关于丁山河生态补水工程,将横岭污水处理厂尾水回补至丁山河中下游景观湿地深度处理后对河道补水,改善河道水质。

关于龙岗河低山村至吓陂段原位水质净化生态修复工程,本控制单元龙岗河河床为 70~140 米,有明显水流的仅 20~50 米,水流量约 22 万吨/日。为保障远期西湖村断面达到地表水 Ⅲ 类标准要求,建议远期在此控制单元开展河道原位水质净化生态修复工程,治理河道长度为 7.5 公里,污染物去除效率可达 20%~30%,进一步提升水质。

参考技术:砾间接触氧化法+土著水生植物生态修复系统

砾间接触氧化法:通过人工填充的砾石,使水与生物膜的接触面积增大数十倍,甚至上百倍。水中污染物在砾间流动过程中与砾石上附着的生物膜接触、沉淀,进而被生物膜作为营养物质而吸附、氧化分解,从而使水质得到改善。当河水流经水深处时,水中的悬浮物将因流速减缓而产生沉淀;当河水流经水浅处时,则因水流相对速度较快,产生自然曝气现象,增加溶河水中溶氧;河床上的天然砾石可以吸附、过滤污染物,而且砾石间的微生物可以降解污染物;当降雨造成河川流量增加时,丰沛的水量可产生冲刷及稀释的作用,将砾石间的污泥带出,使河川再度恢复原有的自净能力(图7.6)。

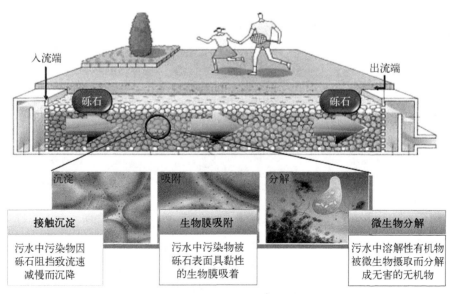

图 7.6　砾间接触氧化法水质净化机理

砾间接触氧化法净化河流水质包括物理化学净化和生物化学净化：
① 接触沉淀。砾石间形成连续的水流通道，当污水通过时，水中的悬浮固体
因沉淀、物理拦截、水动力等运动至砾石表面而接触沉淀。砾石间形成的管
流的水力条件有利于沉淀，因此接触沉淀的效果比自然河川更加显著。
② 砾石表面微生物(生物膜)的吸附、吸收与分解。长时间与污水接触的砾
石表面形成生物膜，生物膜吸附、吸收水中的有机物用于自身的代谢，转化
和降解水中的污染物。

土著水生植物生态修复系统：种植(或自然生长)土著水生植物形成水生
态修复系统，水生植物通过自身的生长，以及协助水体内的物理、化学、生物等
作用，而去除受污水体中的营养物质，污水中部分有机、无机和含氮、含磷污染
物作为生长所需的养料而被吸收，某些有毒物质被富集、转化、分解成无毒物
质。水生植物的存在还可以为微生物的生长提供可依附的表面，同时，还有输
送氧气到根区，创造有利于微生物降解有机污染物的良好根区环境(图 7.7)。

图 7.7　龙岗河生态修复意向图

4. 入河排污口整治与接驳

结合污水支管网建设和河道综合整治工程，近期重点推进丁山河、黄沙
河入河排污口整治工作。龙岗河干流重点加强已截排污口的管理，防止溢
流，同时加强巡查，发现有新增排污口应及时整治。

5. 面源污染控制

远期建议建设丁山河、黄沙河调蓄池。在支流截流管接入干流截污箱
涵处设置闸门，从降雨开始到 30 分钟过程中，闸门处于开启状态，干流箱涵
接收支流截污管来水，超过干流箱涵设计流量的水体进入调蓄池。30 分钟

后关闭进水闸门,支流截污管中的水体弃流置河道。降雨结束后,调蓄池内收集的污水由截污箱涵或提升泵站进入横岭污水处理厂处理。根据初步估算,丁山河、黄沙河调蓄池的规模分别为20万立方米和5万立方米,位置分别位于丁山河河口右岸和黄沙河左支河口对岸。

6. 深惠合作推进跨界河流整治

建议与惠州市协力推进丁山河、黄沙河上游区域水环境治理工作。目前惠州市丁山河污水处理站无法对污水实现全收集处理,建议与惠州市协商扩建污水处理站,深圳片区若有污水处理余量,可考虑丁山河溢流坝溢流的污水接入深圳市境内处理。

7.4　吓陂至西湖村段控制单元

7.4.1　主要问题

控制断面水质:西湖村断面主要超标污染物为氨氮和总磷。2014～2015年,断面水质氨氮均不达标,总磷每年有两次达标。2015年断面氨氮平均浓度为5.36毫克/升,最高值为7.28毫克/升;总磷平均浓度为0.583毫克/升,最高值为0.944毫克/升。

主要河流水质:与深圳市相关的主要田脚水、田坑水,以及马蹄沥和张河沥的上游段,均为黑臭河流,水质劣于地表水Ⅴ类标准。

污水管网和治污工程:控制单元深圳片区污水管网建设不完善,污水处理厂存在抽河水处理,污水处理厂负荷率偏低。

入河排污口:深圳市境内支流存在排污口,主要分布在张河沥和马蹄沥上游段、田脚水、田坑水等。

惠州市跨界影响:控制单元龙岗河干流长10公里,其中8.7公里在惠州市。龙岗河惠州市境内仍存在较多排污口或受污染河流,会对水质造成一定影响。

7.4.2　原因及压力

本控制单元涉及深圳市坪山区坑梓街道办、惠州市惠阳区。控制单元受区域复合型污染的影响,河流水质恶化:人口集聚区不断扩张,建成区密集人口产生的生活污水成为流域水污染物的主要来源;局部工业污染仍然存在;流域范围内的污水干管、支管网极不完善,历史欠账多。田坑水、田脚水总口截污的治理模式,如管理不善,易发生箱涵口堵塞的情况,造成溢流,加重河道污染,而雨季则更为严重。此外,范围内惠州河道长度为8.7公里,惠州市内有多条污染河涌直排龙岗河,影响仍较大(图7.8、图7.9)。

　　惠州片区建有惠阳城区第二污水处理厂(含一期和二期),设计处理规模为6万吨/日,主要服务范围是淡水白云坑和秋长新塘村、白石村、西湖村。但由于污水收集管网不完善,污染较为严重,污水进入河涌后进入龙岗河的现象仍较为严重,境内多条河涌水质均劣于地表水V类标准,污染较严重。

　　坪山区坑梓街道办受到的影响相对较小,但片区污水收集管网建设仍明显滞后,田坑水、田脚水均通过闸坝总口截污后分别进入龙田污水处理厂、沙田污水处理厂处理,旱季基本实行全处理,污染主要表现在雨季,闸坝

图7.8　受污染的河涌或排污口

图 7.9　污染河涌及禽畜养殖批发厂

溢流进入龙岗河干流。此外,马蹄沥、张河沥上游区域为坪山区的坑梓街道
办对污染的贡献也较大。

7.4.3　治理目标

水质目标:2018 年西湖村省断面水质达到地表水 V 类标准。远期达到
地表水 III 类标准。

总量目标:近期本控制单元氨氮排放量削减 1.39 吨/日,总磷排放量削
减 0.10 吨/日;远期本控制单元氨氮排放量削减 1.80 吨/日,总磷排放量削
减 0.21 吨/日。

7.4.4　主要措施

1. 污水管网和污水处理设施

推进雨污分流管网建设及正本清源工作。加快推进龙田、沙田污水处

理厂干支管建设,近期主要考虑龙田、沙田、金沙社区的污水支管网完善;远期实现片区污水管网全覆盖,污水全收集。

加快推进污水处理厂提标。近期龙田、沙田污水处理厂由一级A标准提升至地表水准Ⅳ类标准,提标规模为11万吨/日。远期龙田、沙田水质净化通过人工湿地等生态处理工艺进一步深度处理,出水达地表水准Ⅲ类标准。

2. 河道综合整治工程

加快推进控制单元河道综合整治工程。近期重点加快推进田脚水、田坑水水环境综合整治工程。

推进田坑水生态补水工程。完成沿河截污工程,剥离上游大面积山体清洁基流及雨水,清污分流后,通过龙田污水处理厂尾水回补河道;完成沿河截污工程,剥离上游大面积山体清洁基流及雨水,清污分流后,通过松子坑水库和三角楼水库生态补水。

推进田脚水生态补水工程。完成沿河截污工程,剥离上游山体清洁基流及雨水,清污分流后,通过沙田污水处理厂尾水回补河道。

3. 入河排污口整治与接驳

结合污水支管网建设和河道综合整治工程,近期重点推进田坑水、田脚水入河排污口整治工作。

4. 面源污染控制

远期考虑建设龙田、沙田调蓄池。在支流截流管接入干流截污箱涵处设置闸门,从降雨开始到30分钟过程中,闸门处于开启状态,干流箱涵接收支流截污管来水,超过干流箱涵设计流量的水体进入调蓄池。30分钟后关闭进水闸门,支流截污管中的水体弃流置河道。降雨结束后,调蓄池内收集的污水经由截污箱涵或提升泵站进入污水处理厂处理。根据初步估算,龙田、沙田调蓄池的规模分别为4万立方米和2万立方米,位置分别位于田坑水河口右岸和田脚水河口左岸。

5. 深惠协商合作推进跨界河流整治

加快推进生活污染设施建设。建议惠州片区加快推进片区污水支管网建设,进一步提升城市污水处理厂处理能力,提升出水标准。

重点整治控制单元排污口和黑臭支流。开展龙岗河干流惠州片区入河

119

排污口的截污整治工作;加快推进马蹄沥、张河沥等黑臭河流水环境综合整治工作,建议对马蹄沥、张河沥等黑臭河流进行入河排污口排查,制订工作方案,近期完成入河排污口的截污工作。

第8章　龙岗河水质改善效果评价

8.1　经济技术可行性分析

经济可达性。为了实现龙岗河流域水环境综合整治的资金保障,政府应加大环保投入,同时鼓励社会融资,建立多元化、多层次的投融资机制框架体系。及时跟踪国家的投资政策,对符合条件的项目,争取国家资金支持。在争取国家专项补助资金的同时,市、区政府要加大资金投入,将环境保护和建设作为政府公共财政支出的重点领域,对重点项目投入进行倾斜,将地方财政资金和中央资金配套使用,形成合力,确保工程项目顺利实施。放开投资领域的限制,广泛招商引资,引导和鼓励治理项目争取国际金融组织和国外政府优惠贷款、商业银行贷款,推进治污项目建设。实施财政贴息贷款、延长项目经营权期限、减免税收和土地使用费等优惠政策,降低建设项目投资进入门槛和经营成本,调动全社会资金投入的积极性。采用产权重组、委托经营、专营权出让、股份合作、资产抵押、BOT、PPP 等多种融资方式,盘活存量资产,形成投资、经营、回收的良性循环。

技术可达性。全面提升水环境监管队伍依法行政的能力,加强水环境监测能力建设。完善龙岗河水环境监测网络,实现水环境风险评估、污染来源预警、水质安全应急处理三位一体的应急保障。污染源监管、水环境监测等工作具有"点多、面广、量大"的特点,为了彻底解决环境执法人员不足的问题,节约执法成本,提高监察效能,应尽快整合污染源普查、在线监测等资源与平台,利用 Internet/Intranet 技术、GIS 技术、数据库技术和环境保护技术,形成完善的区域性环境信息网络平台、环境管理业务应用平台、环境信息共享平台和环境信息服务平台;实现环境政务/业务信息化、环境管理信息资源化、环境管理决策科学化和环境信息服务规范化,为水环境管理、规划和决策提供科学有效的依据。

8.2 水质改善综合效果评估

根据核算,并考虑到龙岗河流域人口和经济等增长因素导致排水量和主要污染负荷新增后,2018 年龙岗河流域需要削减氨氮和总磷负荷分别为 6.58 吨/日和 0.83 吨/日。按整治方案计划,流域内现有污水处理厂提标到地表水 Ⅳ 标准,完成梧桐山河、龙西河、四联河、黄沙河、同乐河、大康河等支流排污口整治工程,且释放已整治支流较清洁水体。预计治水提质工程措施可分别削减氨氮和总磷 6.84 吨/日和 0.91 吨/日,高于主要污染物需要削减量,因此,龙岗河可达到地表水 Ⅴ 类标准。根据建立的龙岗河污染源与水质响应关系模型进行评估,工程实施后各支流水质达到地表水 Ⅴ 类标准,污水处理厂提标后出水达到地表水 Ⅳ 类标准,以此预测龙岗河西湖村断面水质。龙岗河径流中污水量比重较大,而预测情景中污水全部截入污水处理厂进行处理(包含部分雨水),因此,污水处理厂出水对西湖村断面水质影响较大。在各支流水质达到地表水 Ⅴ 类标准,污水处理厂出水达到 Ⅳ 类标准时,西湖村断面氨氮为 1.58 毫克/升,总磷为 0.32 毫克/升,达到地表水 Ⅴ 类标准,接近 Ⅳ 类标准。因此,污水收集率及处理效果对龙岗河的水质达标起到了关键作用。

远期按整治方案流域内现有污水处理厂通过生态处理等方法提标至地表水 Ⅲ 类标准,流域内主要支流均完成整治并释放清洁基流,海绵城市建设大力推进,雨水滞留塘建成使用,深惠污染治理协同推进,流域污染防治水平明显提升。根据建立的龙岗河污染源与水质响应关系模型进行评估,西湖村断面水质可基本达到地表水 Ⅲ 类标准。

第9章 龙岗河流域治理保障机制

9.1 强化市级部门统筹

市水务局负责统筹龙岗河流域治水治污工程建设、黑臭水体整治及河长制实施,强化流域水政执法,提升排水管网和污水处理厂运营监管水平,加快智慧管网建设,建立完善排水管网对高浓度污染物的快速反应机制。

市人居委负责统筹龙岗河流域工业污染源监督管理,组织实施流域环境监管执法,防止工业废水违法排放;制订河流水质保护目标,加强对龙岗河干流和一级、二级支流的水质监测,分清责任,建立水质监测通报考核问责机制;将干支流水质改善目标、排污口整治任务等纳入生态文明考核和治污保洁考核中,对断面水质未按期达标的严格实施问责。

9.2 强化辖区主体责任

按照市政府和龙岗区、坪山区政府签订的水污染防治目标责任书,龙岗区、坪山区政府为龙岗河水体达标的责任主体,对流域水环境质量负责,统筹推进流域水环境综合整治,负责流域内污染源管控、污水管网工程建设、入河排污口整治等;负责组织市区职能部门开展龙岗河治理,形成治水合力;加强内部责任分工,建立街道、社区网格化责任体系。

9.3　强化河长制工作抓手

以河长制为抓手,健全"责任明确、协调有序、监管严格、保护有力"的河湖管理保护机制。落实"一河一长",建立"一河一档",制定"一河一策",推动"一河一查",让流域污染防治不遗死角、不留盲区。压实市、区、街道、社区各级水环境治理保护责任,统筹协调河流综合整治、污染源管控、执法监督、征地拆迁等工作,实现河长制全覆盖,促进水体按期达标。

9.4　强化目标考核问责

以水环境质量"只能更好、不能变差"为原则,将龙岗河干流及各级支流水质改善目标、排污口整治任务等纳入生态文明考核和治污保洁考核中,确保水体达标工作可实施、可考核、可追责。

加强龙岗河干流和一级、二级支流的水质监测,分清区、街道、社区的责任,发布水质监测"通报",对重点断面水质比上年明显恶化、重点整治任务严重滞后的,依法依纪追究有关单位和人员的责任。

将环境保护与生态建设作为区直各部门、各街道,特别是领导班子和领导干部考核的重要内容,落实生态环境保护"党政同责、一岗双责"的规定,明确和细化区直各部门、各街道的生态环境保护职责;强化环保考核约束,将软考核变成硬考核。

9.5　强化流域联防联治

健全完善深莞惠环保合作平台,健全流域环境监察协作、部门联合执法、边界联动执法和环境应急联动机制,完善定期协调会商、信息互通共享、水质联合监测及突发环境事件协同处置制度,建立跨行政区域河流交界断面水质达标管理及污染联合防治、跨行政区域污染事故应急协调处理等制度,妥善处理跨界水污染纠纷和环境突发事件。

9.6　强化全民参与监督

实施环境信息公开。各部门通力合作,加快全市环境信息公开平台建设,并及时发布信息,实现污染源、河流水质等有关信息,保障公众对流域与区域水环境质量的知情权。充分利用电视、报纸、网络等新闻媒体,做好水污染防治的宣传报道,发挥舆论监督和教育导向作用。

开展环境宣传教育活动。利用重要环境节日及重大事件开展水污染防治的宣传活动,深入学校、社区等开展水环境教育,增强公众水环境忧患意识,弘扬生态文明理念,倡导节约资源、绿色消费的生活方式,提高群众的环境意识。

积极统筹公众参与的力量,形成"政府主导、企业参与"的工作格局。加强制度建设,完善激励机制,鼓励和引导公众及社会环保组织积极有序参与环境保护。

推广实施环保有奖举报,鼓励公众、环保组织、行业协会、同业企业积极参与水环境违法行为举报。完善舆情快速应对机制,对媒体曝光的企业超标排污行为快查严处,主动回应社会关切。

参考文献

白效明,沈贵生,苏伟.2013.河流水污染治理与水环境管理技术.长春:吉林大学出版社.

白云鹏,陈永健.2007.常用水环境质量评价方法分析.河北水利,(06):18-19.

薄涛,季民.2017.内源污染控制技术研究进展.生态环境学报,(03):514-521.

陈阳.2017.我国跨区域水污染协同治理机制研究.徐州:江苏师范大学.

董文艺,董紫君,李婷,等.2012.龙岗河流域节水评估体系研究.水利水电技术,(08):86-89.

韩志宇,黄晓东,张勇.2012.深圳市龙岗河干流河道管理和养护.水利水电技术,(08):50-52.

胡勇有.2016.流域水污染控制与治理技术工程示范.北京:科学出版社.

黄奕龙,王仰麟,岳隽.2005.深圳市河流沉积物重金属污染特征及评价.环境污染与防治,(09):711-715.

李茜,张建辉,林兰钰,等.2011.水环境质量评价方法综述.现代农业科技,(19):285-287.

李双武.2007.国外河流治理比较研究.海河水利,(03):66-68.

李婷,董文艺,董紫君,等.2012.龙岗河流域非传统水资源综合利用潜力分析.水利水电技术,(08):78-81.

廖泽蔼,崔青,潘唐奎,等.2012.结合龙岗河干流综合治理工程项目对安全工作的探讨.水利水电技术,(08):25-27.

林鲁生,陈秋茹,施文丽,等.2012.龙岗河流域治理工程的社会和经济效益分析.水利水电技术,(08):70-72.

林鲁生,罗雅,刘彤宙,等.2012.龙岗河干流综合治理工程与成效研究.水利水电技术,(08):1-4.

林鲁生,王宏杰,董文艺,等.2012.龙岗河干流综合治理工程二期沿河截污工程方案.水利水电技术,(08):9-14.

林鲁生,张勇,麦荣军,等.2012.龙岗河干流综合治理工程建设管理实践及探索.水利水电技术,(08):34-36.

刘军.2013.中小城镇污水处理模式与工艺研究.西安工程大学.

刘宁. 2006. 深圳河湾水污染水环境治理. 北京：中国水利水电出版社.

刘彤宙,许建玲,董文艺,等. 2012. 龙岗河干流河道岸坡修复技术设计与应用. 水利水电技术,(08)：73－77.

鲁志文,赖志毅. 2008. 淡水河污染成因初步分析. 人民珠江,(03)：52－53.

罗雅,董文艺,孙飞云,等. 2012. 初期雨水调蓄设施的优化设计——以龙岗河干流综合治理工程为例. 水利水电技术,(08)：15－19.

钱宇婷. 2017. 中小城镇污水处理工艺选择的优化研究. 西南交通大学.

深圳市水污染治理指挥部办公室组. 2007. 深圳河湾水系水质改善策略研究. 北京：科学出版社.

施文丽,罗雅,陈秋茹,等. 2012. 龙岗河干流综合治理工程的社会与经济可持续性评价研究. 水利水电技术,(08)：20－24.

孙飞云,林鲁生,董紫君,等. 2012. 龙岗河干流综合治理工程生态修复设计与应用. 水利水电技术,(08)：103－106.

王梦. 2008. 水环境质量评价中几种方法的比较. 渤海大学学报(自然科学版),(01)：34－37.

王沛雯. 2016. 跨界河流污染的合作治理——以深圳惠州治理淡水河为例. 中共南京市委党校学报,(03)：51－55.

王文瑾,黄奕龙,陈凯. 2014. 龙岗河流域水生态系统监测与评估. 中国农村水利水电,(06)：54－56.

王燕. 2017. 深圳市水环境治理与沿河截污工程实践的思考. 中国水利,(01)：35－38.

王友列. 2014. 从排污到治污：泰晤士河水污染治理研究. 齐齐哈尔师范高等专科学校学报,(01)：105－107.

王玉明. 2012. 流域跨界水污染的合作治理——以深惠治理淡水河为例. 广东行政学院学报,(05)：28－33.

文小平,陈雅倩. 2016. 龙岗河生态治理效果及建议. 2016 全国河湖治理与水生态文明发展论坛.

吴阿娜. 2008. 河流健康评价：理论、方法与实践. 华东师范大学.

项继权. 2013. 湖泊治理：从"工程治污"到"综合治理"——云南洱海水污染治理的经验与思考. 中国软科学,(02)：81－89.

徐云乾. 2017. 美国河流近自然化综合治理措施初探及其借鉴. 中国农村水利水电,(07)：94－98.

许志兰,廖日红,楼春华,等. 2005. 城市河流面源污染控制技术. 北京水利,(04)：26－28.

杨文慧,严忠民,吴建华. 2005. 河流健康评价的研究进展. 河海大学学报(自然科学版),(06)：5－9.

曾凡棠,李龚,张恒军. 2009. 深圳龙岗河流域水环境容量研究. 科技创新导报,(21)：113.

张怀成,董捷,王在峰. 2013. 水污染源源解析研究最新进展. 中国环境监测,(01)：18－22.

郑玄洵,唐雅雯.2010.浅谈龙岗河的治理.中国农村水利水电,(03)：91-93.

郑政,陈凯,王燕.2012.龙岗河干流综合治理工程规划设计及后评价.水利水电技术,(08)：82-85.

周慧平,高燕,尹爱经.2014.水污染源解析技术与应用研究进展.环境保护科学,(06)：19-24.

周亮,徐建刚.2013.大尺度流域水污染防治能力综合评估及动力因子分析——以淮河流域为例.地理研究,(10)：1792-1801.

庄犁,周慧平,常维娜,等.2015.嘉兴市水污染源解析及等标污染负荷评价.环保科技,(02)：15-18.

彩图

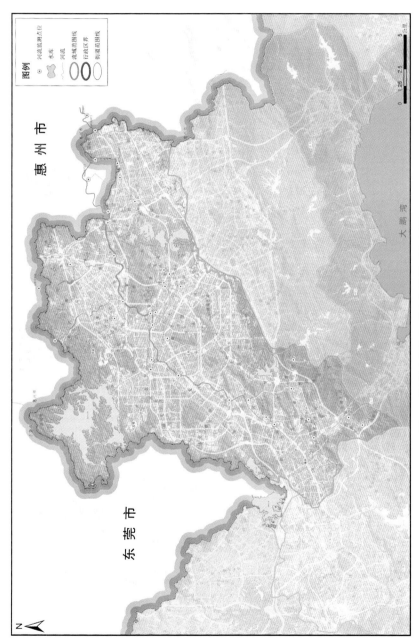

图 1　龙岗河流域水系及监测断面分布图

图 2　龙岗河流域污水处理厂及污水管网分布图

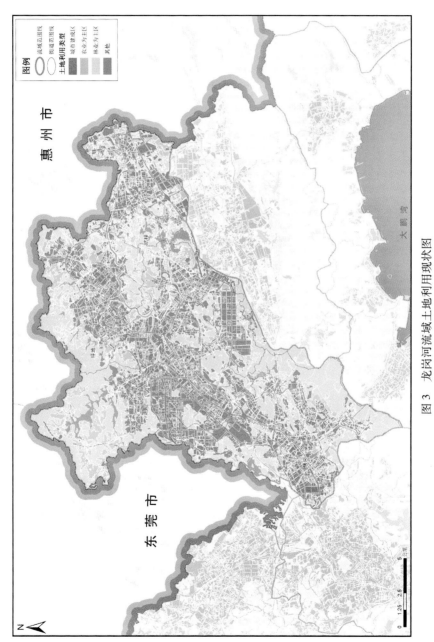

图 3 龙岗河流域土地利用现状图

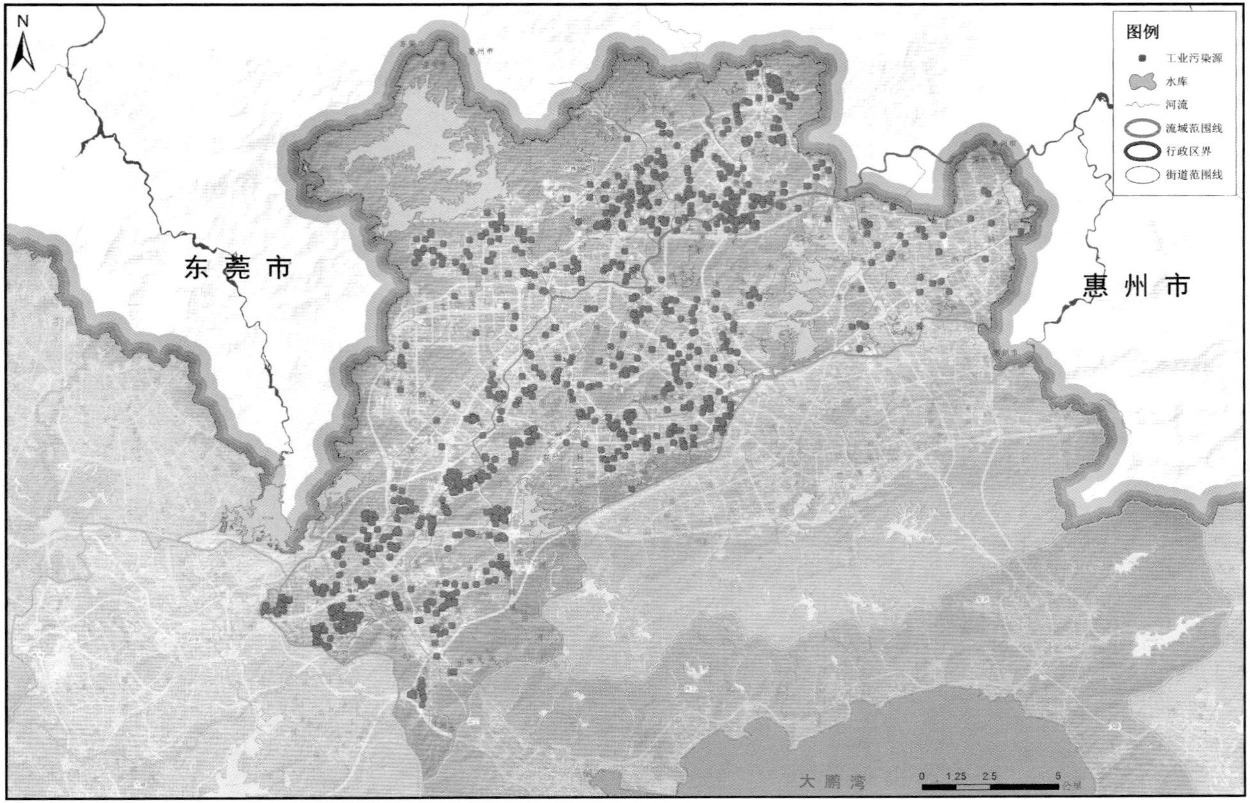

图 4   龙岗河流域工业污染源分布图